高职高专计算机任务驱动模式教材

中文版 Visual Basic 6.0 程序设计项目教程

于鹏 李霞 主编

清华大学出版社

北京

内 容 简 介

本书体现项目式教学特点,以浅显易懂的语言诠释 Visual Basic 6.0 程序设计各知识点要领,给读者以最明确直观的认识。本书由一个个相互关联又相对独立的项目组成,使学生在实践的过程中学会分析问题、解决问题的方法,同时,对面向对象的可视化界面设计和程序设计的基本知识、编程方法进行了系统、详细的介绍,不仅可以增加学生学习程序设计的兴趣,而且也可以提高程序设计的质量。

本书突出操作实践,淡化理论阐述,针对性强,既有计算机语言教学的参考性、可操作性,又有实际开发应用的借鉴性、实用性。本书不仅可作为高职高专院校计算机和相关专业的教学用书,也可以作为计算机爱好者学习计算机编程语言的良师益友。

图书在版编目(CIP)数据

中文版 Visual Basic 6.0 程序设计项目教程/于鹏,李霞主编. —北京:清华大学出版社,2010.1

ISBN 978-7-302-21447-2

Ⅰ. ①中…　Ⅱ. ①于…②李…　Ⅲ. ①BASIC 语言－程序设计－教材　Ⅳ. ①TP312

中国版本图书馆 CIP 数据核字(2009)第 207112 号

责任编辑:束传政
责任校对:刘　静
责任印制:李红英

出版发行:	清华大学出版社	地　　址:	北京清华大学学研大厦 A 座
	http://www.tup.com.cn	邮　　编:	100084
社　总　机:	010-62770175	邮　　购:	010-62786544
投稿与读者服务:	010-62776969,c-service@tup.tsinghua.edu.cn		
质　量　反　馈:	010-62772015,zhiliang@tup.tsinghua.edu.cn		
印　刷　者:	北京四季青印刷厂		
装　订　者:	三河市溧源装订厂		
经　　销:	全国新华书店		
开　　本:	185×260　　　印　张:15.75	字　　数:	363 千字
版　　次:	2010 年 1 月第 1 版	印　　次:	2010 年 1 月第 1 次印刷
印　　数:	1～4000		
定　　价:	26.00 元		

本书如存在文字不清、漏印、缺页、倒页、脱页等印装质量问题,请与清华大学出版社出版部联系调换。联系电话:010-62770177 转 3103　　产品编号:033033-01

前　言

　　Visual Basic(简称 VB)是一种可视化的编程语言,它增加了图形界面设计工具,简化了复杂的窗口程序编写过程,使编程工作变得轻松快捷,摆脱了面向过程语言的许多细节,而将主要精力集中在解决实际问题和设计友好界面上。因此,它在国内外各个领域中应用得非常广泛,许多计算机专业和非计算机专业的人员常利用它来编制和开发应用程序,近年来很多学校把 Visual Basic 程序设计作为大学生的编程入门语言。

　　本书共分为 9 个项目,以中文版 Visual Basic 6.0 为语言背景,深入浅出地介绍了 Visual Basic 的编程环境、面向对象的基本概念、常用内部控件的功能和用法、控制结构(包括顺序结构、选择结构、循环结构)、数组、过程、数据文件以及菜单、对话框、图形图像、多文档界面、Office 文件交互、网络编程和数据库等程序设计技术。本书较为系统地介绍了 Visual Basic 6.0 面向对象设计的基本概念、基本原理、开发方法和应用技术,特别注重信息管理系统的开发和设计方面的内容。各项目按照"项目分析"—"相关知识"—"独立实践"的顺序编排,以达到引入、学习、巩固的良好效果。

　　本教材的编写方法是以任务驱动案例教学为核心,以技能培养为目标,以企业对人才的需要为依据,把软件工程和项目管理的思想完全融入其中。教材侧重培养学生的实战操作能力,教、学、做相结合,旨在通过项目实践,增强学生的职业能力,使知识从书本中释放并转化为专业技能。

　　本教材主要具有如下特点:

　　1. 教材通过一个个的教学任务或者教学项目,在做中学,在学中做,以及边学边做,重点突出技能培养。在突出技能的同时,还介绍解决思路和方法,培养学生未来在就业岗位上的终身学习能力。

　　2. 以能力培养为目标,并以实际工作的例子引入概念,符合学生的认知规律。语言简洁明了、清晰易懂、更具人性化。

　　3. 符合国家软件人才的培养目标,采用引入知识点、讲述知识点、强化知识点、应用知识点、综合知识点的模式,由浅入深地展开对技术内容的讲述。在整体上体现了内容主导、实例解析,以点带面的模式。

4. 全书由一个个相互关联又相对独立的案例组成,按照"从简到繁,从易到难,循序渐进,深入浅出,承前启后"的原则,打破传统的以教为中心,而是以学为中心作为本书一大特色。

本书在编写时力求概念准确、原理简明、选材新颖、内容实用、通俗易懂、易教易学。但由于信息技术发展迅速,技术更新较快,知识结构要求也在不断发生变化。教学人员在教学过程中可根据教学计划的要求和实际情况,适当取舍。

本教材由于鹏、李霞主编,张绍林、张淼、张磊、初文科、张峰、邱海燕、于慧、李光耀、刘毅、王赫男、刘瑜、于志国、赵金芝、戴万燕、方燕、于秀菁等教师参与了本教材的编写工作。

在本书付梓之际,感谢有关专家和教师对我们工作的支持和关心。由于时间仓促,书中不当之处在所难免,恳请专家和广大读者朋友批评指正。

编 者

2009 年 10 月

目　录

项目 1 初识 Visual Basic 6.0

本项目学习目标

- 掌握如何启动 Visual Basic 6.0，了解 Visual Basic 6.0 的工作环境以及 Visual Basic 6.0 的退出等知识
- 掌握 Visual Basic 6.0 简单程序设计流程

Visual Basic 6.0 是一种以 Basic 语言为基础的可视化、面向对象和采用事件驱动方式的结构化高级程序设计语言，可用于开发 Windows 环境下的各类应用程序。Visual Basic 6.0 是一个集成开发环境，能编辑、调试和运行程序，也能生成可执行文件。可开发出应用于数学计算、字符处理、数据库管理、图形图像处理、客户机/服务器及 Internet 等 Windows 环境的图形用户界面应用软件。目前，Visual Basic 6.0 是国内外最流行的程序设计语言之一，也是学习开发 Windows 应用程序的首选程序设计语言。本教材将带领读者一起学习 Visual Basic 6.0（以下简称 VB 6.0）中文版，通过多个案例的开发，逐步掌握 VB 6.0 程序设计的知识与技能。

1.1 案例 "欢迎进入 VB 世界!"

为了更快捷地了解 Visual Basic 6.0 编程方法与过程，先按照下面步骤制作第一个 VB 6.0 小程序，操作的结果如图 1-1 所示。

操作步骤如下：

（1）在 Windows 任务栏中选择【开始】/【程序】/【Microsoft Visual Basic 6.0 中文版】/【Microsoft Visual Basic 6.0】命令，启动 VB 6.0 应用程序，装载标准窗体，默认名称为 Form1。

（2）建立用户界面的对象，如图 1-2 所示。

图 1-1 欢迎进入 VB 世界

图 1-2 "欢迎进入 VB 世界"框架图

单击【工具箱】中的按钮▯(Command button)，再在 Form1 的右下角用鼠标左键画出该命令按钮的位置和大小。

（3）对象属性的设置。

① 选中 Form1 窗体，在【属性窗口】中找到 Caption 项，将其由"Form1"改为"VB初识"。

② 将 Command1 的 Caption 属性设置为"学习 VB"。

（4）对象事件过程及编程。在 Form1 的【代码窗口】中，即【Form1(Code)】窗口中，在左上的【对象】列表中选择"Command1"，在右上的【过程】列表中选择"Click"，之后出现代码区域：

```
Private Sub Command1_Click()
End Sub
```

在以上两行代码中间输入：

```
Print "欢迎进入 VB 世界！"
```

即案例"欢迎进入 VB 世界！"。完整程序如下：

```
Private Sub Command1_Click()
    Print "欢迎进入 VB 世界！"    '在 Form1 界面上显示"欢迎进入 VB 世界！"
End Sub
```

（5）程序运行和调试。单击菜单栏中的【运行】/【启动】命令，可以看到如图 1-3 所示的运行界面。当单击"学习 VB"按钮时，在窗体左上会出现一句"欢迎进入 VB 世界！"，如图 1-1 所示。

图 1-3 "欢迎进入 VB 世界"运行界面

（6）保存文件。单击菜单栏中的【文件】/【保存工程】命令，或单击【标准工具栏】上的【保存工程】按钮▯，打开【文件另存为】对话框，选择合适的磁盘和文件夹，先保存窗体文件，可以更改文件名 Form1 为 Frmhello.frm，单击【保存】按钮保存窗体文件（本例中只有一个窗体模块）；随后打开【工程另存为】对话框，再保存工程文件，可以更改文件名为 Hello.vbp，单击【保存】按钮保存工程文件。

（7）退出 VB 6.0 应用程序。单击菜单栏中的【文件】/【退出】命令，或单击标题栏上的【关闭】按钮▯。

1.2　Visual Basic 6.0 功能特点

Basic 其含义是"初学者通用的符号指令代码"（Beginner's All Purpose Symbolic Instruction Code）。

1991 年 Microsoft 公司推出的 Visual Basic 6.0 语言是以结构化 Basic 语言为基础，

以事件驱动为运行机制。它的诞生标志着软件设计和开发的一个新时代的开始。

Visual Basic 6.0 作为一种广泛应用的编程语言,它有以下特点:

(1) 可视化设计工具

可视化环境下创作前端界面变得简单直观,给程序员设计良好的程序界面带来了很大方便,因此得到编程爱好者的青睐。

(2) 面向对象

在 VB 6.0 中,应用面向对象的程序设计方法,把程序和数据封装起来作为一个对象来使用,对象的外观用属性来设置,触发与对象相关的事件后所执行的程序由事件过程来描述。例如:设计一个"确定"按钮,单击此按钮时在窗口中显示"欢迎!"。按钮的外观和显示的"确定"是依靠设置按钮的属性来完成的,而单击时显示"欢迎"的功能则是依靠编写按钮的 Click( )事件过程来实现的。

(3) 部件编程

基于部件的编程方法是分布式架构思想体系的具体化,在 Visual Basic 6.0 中进行部件编程是通过微软的部件对象模型(Component Object Model,COM)来实现的。

(4) 结构化的程序设计语言

VB 6.0 具有丰富的数据类型,众多的内部函数,模块化、结构化的程序设计机制,简单易学。

(5) 事件驱动的编程机制

传统的面向过程的应用程序是按照事先设计的流程运行的。但在图形用户的应用程序中,用户的动作(即事件)掌握着程序的运行流向。这种运行模式非常适合于图形用户界面的编程方式。

(6) 友好的集成开发环境

在 VB 6.0 集成开发环境中,用户可以设计界面、编写代码和调试程序,把应用程序编译成可执行文件,还可以生成最终的安装文件,这样在脱离开发环境的情况下也可以运行。而且 VB 6.0 开发环境提供了传统的 Windows 应用程序的操作菜单,易于掌握。

(7) 完善的联机帮助

VB 6.0 集成开发环境提供了比较完善的联机帮助,与其他应用程序一样,可以按 F1 功能键得到所需要的帮助信息,也可以通过选择帮助主题来获得不同的帮助。VB 6.0 帮助窗口中显示了有关的示例代码,为用户的学习和使用提供了捷径。

1.3　Visual Basic 6.0 集成开发环境

VB 6.0 的集成环境具有与 Windows 风格类似的窗口,由以下 10 个部分组成:主窗口,工具箱,窗体窗口,属性窗口,代码窗口,工程资源管理器窗口,窗体布局窗口,对象浏览器窗口,立即、本地和监视窗口,帮助系统。

1. 主窗口

主窗口由标题栏、菜单栏、工具栏和工作桌面组成。

（1）标题栏

标题栏包含控制菜单、工作模式、最大化、最小化和关闭按钮。

（2）菜单栏

菜单栏包含13个下拉菜单。

① 文件：用于创建、打开、保存、显示最近的工程以及生成可执行文件的命令。

② 编辑：用于程序源代码的编辑。

③ 视图：用于集成开发环境下程序源代码、控件的查看。

④ 工程：用于控件、模块和窗体等对象的处理。

⑤ 格式：用于窗体控件的对齐等格式化命令。

⑥ 调试：用于程序调试、差错等。

⑦ 运行：用于程序启动、设置中断和停止等程序运行的命令。

⑧ 查询：VB 6.0新增命令，在设计数据库应用程序时编辑数据的命令。

⑨ 图表：VB 6.0新增命令，在设计数据库应用程序时编辑数据库的命令。

⑩ 工具：用于集成开发环境中工具的扩展。

⑪ 外接程序：用于为工程增加或删除外接程序。

⑫ 窗口：用于屏幕窗口的层叠、平铺等布局以及列出所有打开文档窗口。

⑬ 帮助：帮助用户系统学习掌握 VB 6.0 的使用方法及程序设计方法。

（3）工具栏

工具栏中包含了常用菜单命令的快捷方式。

2. 工具箱

工具箱（Tool Box）提供一组工具，用于设计时在窗体中放置控件。通常工具箱中有20个标准控件，还可根据自己的需要添加，方法为：单击菜单栏中【工程】/【部件】命令，在对话框中选择合适的"控件"，最后单击"确定"按钮。

3. 窗体窗口

窗体窗口是应用程序界面的载体，一个 VB 6.0 的应用程序至少有一个窗体窗口。

窗体的网格点可帮助用户对安装的控件准确定位，间距可通过单击【工具】/【选项】/【通用】/【窗体网格】命令来设置。VB 6.0一般有以下两种窗体：

① SDI（单文档界面）　其所有窗口可在屏幕上任何地方自由移动，如记事本。

② MDI（多文档界面）　所有窗口包含在一个大小可调的父窗口，如 Word 中可打开多个文档。

4. 属性窗口

属性窗口用来设置对象的属性，有如下几个部分：对象列表框、属性排列方式、属性列表框和属性解释栏。

5. 代码窗口

代码窗口是专门用来进行程序设计的窗口,有 3 个部分:对象列表框、过程列表框和代码框。

6. 工程资源管理器窗口

工程是指用于创建一个应用程序的文件的集合,工程的后缀名为".vbp"。

(1) 工程中包含 3 类文件

① 窗体文件(.FRM):该文件储存窗体上使用的所有控件对象、对象的属性、对象相应的事件过程及程序代码。一个应用程序至少包含一个窗体文件。

② 标准模块文件(.BAS):所有模块级变量和用户自定义的通用过程都可产生这样的文件。一个通用过程是指可以被应用程序各处调用的过程。

③ 类模块文件(.CLS):可以用类模块来建立用户自己的对象。类模块包含用户对象的属性及方法,但不包含事件代码。

(2) 窗体中有 3 个按钮

①【查看代码】按钮:切换到代码窗口,显示和编辑代码。

②【查看对象】按钮:切换到模块的对象窗口。

③【切换文件夹】按钮:切换工程中的文件是否按类型显示,若按类型显示,则以树形的结构、文件夹的方式显示。

7. 窗体布局窗口

窗体布局窗口用于指定程序运行时的初始位置。

8. 对象浏览器窗口

对象浏览器窗口可查看在工程中定义的模块或过程,也可以查看对象库、类型库、类、方法、书信、事件及可在过程中使用的常数。

9. 立即、本地和监视窗口

这 3 个窗口是为调试应用程序提供的,只在运行应用程序时才有效。

10. 帮助系统

VB 6.0 帮助系统窗口有 4 个选项卡:目录、索引、搜索和书签。

①【目录】选项卡可以按分类浏览主题,其内容像一本书,每一选项的左边都有一本书的图标,单击其中任何一项都能显示它内部的章节标题,此时图标变成一本打开的书,可多次单击章节图标,直到图标变成一页纸,得到所需要的帮助信息。

②【索引】选项卡可以查看索引列表,或输入一个待查找的关键字,当要查询主题显示在列表窗口中时,先单击主题,再单击"显示"按钮即可得到帮助信息。

③【搜索】选项卡可以直接在帮助正文中搜索关键字,所有相关主题会在列表框中显示,双击某个主题,正文窗口将显示该主题的帮助信息。

④【书签】选项卡可以添加书签。书签就是在使用帮助系统的过程中,为经常需要查看帮助的主题加上的标记,添加书签的方法是:先使用"目录"、"索引"或"搜索"选项卡找到使用的主题帮助,然后选择"书签"选项卡,单击"添加"按钮将该主题添加到书签列表框中,同样的方法可添加其他的主题。查看帮助时,在书签列表框中双击相应的主题即可。

1.4 对象的有关概念

Visual Basic 6.0 提供了面向对象程序设计的强大功能,程序的核心是对象。在 Visual Basic 6.0 中不仅提供了大量的控件对象,还提供了创建自定义对象的方法和工具,使开发应用程序非常方便。本节从使用角度简述对象的有关概念。

1. 对象和类

面向对象程序设计的基本思想体现了人们对现实世界的认知过程,从认知的角度可把对象与现实世界中的物体对应理解。例如,一辆汽车、一块手表等。对一个物体,我们关心的往往是它的两个基本特征:"状态"和"行为"。状态指物体的内部构成,例如,汽车的车轮、发动机,手表的齿轮、表盘等。行为指对物体构成成分的操作或与外界信息的交换,例如,汽车的发动、行驶,手表指针的运转、拨动等。对应物体的两个基本特征,程序中的对象也有两个基本特征:"数据"和"方法"。数据表示对象的构成,方法表示对象的行为。

在程序中,把一类对象的共性抽象出来,形成一个模型,就是类。例如,把所有汽车的特征抽象化构成汽车类,也可再把汽车和火车的共同特征抽象为交通工具类等。所以,类是一组具有相同特征的对象的抽象化模型。把具有相同特征的对象的这种相同特征(包括状态和行为)抽象化就是类;把类实例化就是对象。类中包括的是一类对象的共同特征;对象是一个实物,它体现了类的特征,我们可以直接使用它,通过它的行为来改变它的状态。

面向对象的程序设计主要是建立在类和对象的基础上。

例如,如图 1-4 所示的工具箱中的 Textbox 控件是文本框类,它确定了文本框的属性、方法和事件。而窗体上显示的是 Text 对象,是类的实例化,它们体现了 Textbox 类的特征,也可以根据需要修改各自的属性。另外,文本框的大小、滚动条的形式等也具有移动光标定位到文本框等方法;还具有通过快捷

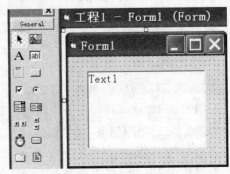

图 1-4 Textbox 类与文本框对象

键对文本内容进行复制、删除和移动等功能。

Visual Basic 6.0 中可直接使用的对象主要包括以下 3 种类型。

（1）窗体

窗体（Form）用来定义应用程序的窗口。Windows 应用程序是图形界面、窗口操作，应用程序的窗口使用窗体对象。窗体也作为其他对象的容器，一个窗体中可以再包含若干其他对象，窗体和这些对象的外观一起构成应用程序的界面。

Visual Basic 6.0 的窗体有两种形式：单文档窗体和多文档窗体。单文档窗体应用程序中各个窗体是独立的，多文档窗体（MDI）应用程序中一个父窗体内包含一个或多个子窗体，在子窗体不超出父窗体边界的前提下，可把子窗体当作一般窗体进行操作。通过使用 MDI 窗体可以建立 Windows 的面向多任务的应用程序。

（2）控件

控件（Control）是放在窗体中的对象，例如，命令按钮、标签、文本框、滚动条、图像框等。每个控件都能实现特定的功能，例如，标签用于显示文本信息，文本框用于输入或输出文本，滚动条用于快速浏览数据和信息，图像框用于显示图像等。

Visual Basic 6.0 中的控件主要有 3 个种类：

① 标准控件：Visual Basic 6.0 的标准控件类包括在 Visual Basic 6.0 的 EXE 文件中，启动 Visual Basic 6.0 后，总是被包括在工具箱中。通过将类实例化，可以得到真正的控件对象。如图 1-4 所示，在窗体上用 Textbox 类画出一个文本框时，就将类转换为对象，即创建了一个控件对象，简称控件。

② 定制控件（Custom Control）：即 Active X 控件，作为独立的文件存在，可由软件公司或个人所开发，具有 .OCX 扩展名。这些控件可通过【部件】对话框加到工具箱中，和其他控件一样，供编程使用。

③ 可插入对象：可以是其他应用程序或包括其他应用程序文档的对象。例如，Microsoft Word 文档、Microsoft Excel 工作表、画笔、声音文件、电影剪辑等。也可通过【部件】对话框加入到工具箱中，和其他控件一样直接使用。

（3）系统资源

Visual Basic 6.0 的系统对象包括应用程序对象（App）、调试对象（Debug）、剪贴板对象（Clipboard）、打印机对象（Printer）、屏幕对象（Screen）等。利用这些对象可控制应用程序和 Windows 的交互方式。

2. 对象的建立和编辑

（1）对象的建立

启动 Visual Basic 6.0 后，自动添加一个空的窗体对象，窗体是应用程序的窗口，可根据需要再添加其他窗体。要添加新的窗体，可执行菜单栏【部件】/【添加窗体】命令；也可单击【标准】工具栏上的【添加窗体】按钮；或单击【添加窗体】按钮右边向下的箭头，从弹出的下拉菜单中执行【添加窗体】命令。新添加窗体的名称以及窗体文件的名称将显示在【工程资源管理器】窗口中。

也可以把工具箱中的控件放到窗体中，方法是：在【工具箱】中单击"控件"按钮进行

7

选择,再将鼠标指针移到窗体中适当位置,按下左键拖动鼠标画出。也可从【工具箱】中双击要添加的控件按钮,则该控件以默认的大小放到窗体中央,然后再调整大小和位置。

(2) 对象的编辑

应用程序中每个对象均有一个名称,程序中对该对象的访问通过名称实现。在应用程序中添加一个对象后,默认的名称是类型名加一个序号,例如,Form1、Form2,Command1、Command2 等。可在【属性窗口】中通过修改 Name 属性值来为对象重新命名。

① 对象的选定

要对窗体或窗体中的某个对象进行编辑,例如,设置属性,必须先选定该对象。选定对象有多种方法,可单击对象的外观选定,也可从相应窗口的对象框下拉列表中选定。被选定对象的边缘上有 8 个方向的控制柄,拖动控制柄可调整控件的大小。

可以同时选定多个对象,方法是拖动鼠标指针,将欲选定的对象包围在一个虚框内。也可先选定一个对象,然后按住 Ctrl 键,再单击其他要选定的对象。选定多个对象对同时移动这些对象的位置或为多个对象设置相同的属性等操作带来方便。

② 对象的复制和删除

在 Visual Basic 6.0 环境下对象的剪切、复制和粘贴遵从 Windows 的操作规则。注意:当粘贴控件时,屏幕将提示"要否建立控件数组?",若选【否】则复制一个标题相同而名称不同的控件;若选【是】,则建立一个控件数组。

要删除一个控件,可先选定它,再执行【编辑】/【删除】命令,或按 Del 键。也可右击要删除的控件,从弹出的菜单中执行【删除】命令。

3. 对象的属性、事件和方法

属性是对象的特征,事件是对象对用户操作或对操作系统作出的响应,方法是对象的动作。对象的属性、事件和方法是对象的三要素。

(1) 属性

属性(Property)是对象的特征(或参数)。每个对象都有一个属性集合,不同的对象有不同的属性,它们刻画着对象在各个方面的特征,包括外观、行为等。例如,Name 表示对象的名称,Top、Left 决定对象的位置,Width、Height 描述对象的大小,Enabled 决定对象的功能是否有效,Visible 决定对象是否可见等,这些都是对象的属性。

当把一个对象添加到应用程序中时,它应该符合设计者的要求,如大小、位置、颜色、文本等,这些都可通过设置对象的属性实现。每个属性可取不同的值,每个属性也都有一个默认值,通过修改属性值就可使对象满足用户的要求。

设置对象的属性值一般有两种方法。

① 程序设计阶段通过属性窗口设置

方法是:先选中对象,再从【属性窗口】中选中要修改的属性,然后在右侧栏中修改其值。修改的方式有以下几种:

• 直接输入新值。

• 若属性右端有一个下拉箭头按钮,则单击这个按钮会弹出下拉列表,从中选择一个值。也可通过双击列表项循环通过列表。

- 若属性右端有一个带 3 个圆点的按钮 <img>，则单击这个按钮会打开一个对话框，此时可通过对话框来设置。

② 通过程序代码设置

在程序代码中修改属性值的语法格式是：

对象名.属性名=属性值

例如，希望在窗体上，以 20 号字输出结果，可用修改窗体字号属性值来实现。代码为：

Form1.Fontsize=20

（2）事件和事件过程

事件（Event）是由用户或操作系统引发的动作，对于对象而言，事件就是发生在该对象上的事情。Visual Basic 6.0 中每个对象都支持许多事件，正是通过引发这些事件，用户才得以操作应用程序，使应用程序交互。例如，在一个对象上按下鼠标键时，发生该对象的 Mouse down 事件；松开鼠标键时发生该对象的 Mouse up 事件；移动鼠标时发生 Mouse move 事件；单击鼠标键时发生 Click 事件；双击鼠标键时发生 Dbl click 事件等。

当一个对象的某个事件发生后，系统就做出相应的动作，所做的动作由事件响应程序代码来规定，这样的代码叫事件过程（Event Procedure）。事实上，Visual Basic 6.0 程序中的代码主要由事件过程构成，每个事件过程都跟界面上的某个对象相关，当用户操作引发了某个事件时，即执行相应事件过程中的代码，从而完成程序的功能。

Visual Basic 6.0 中提供的事件类型包括各个方面。例如，装载窗体、键盘事件、鼠标事件、改变对象内容、一段时间的限制、从端口接收数据等。

在编程过程中，并不是必须给每个事件过程都编写代码，如果一个事件过程是空的，则该事件发生时程序什么都不做，只有根据程序的功能需要才编写相应的事件过程。

例如，我们可以利用"窗体"（Form）对象的"单击"（Click）事件，计算并输出"3*5-7"的值。事件过程代码为：

```
Private Sub Form _ Click()
    Form1.Fontsize=20            '设置 Form1 的字体大小为 20
    Print "3*5-7="; 3*5-7
End Sub
```

（3）方法

对象的方法（Method）是嵌入在对象定义中的程序代码，它定义对象怎样处理信息并完成规定的动作，其内容是不可见的，只能编程使用它，当用一个方法来控制某一个对象时，实际上是执行了对象内的该段代码。每个对象都有若干方法，不同的对象包含的方法也各不相同。

调用对象的方法的格式如下：

对象名.方法名 [参数]

例如，要在"窗体"Form1 上输出显示 3 * 5-7 的值，可用窗体的 Print 方法。代码为：

```
Form1.Print 3 * 5-7
```

1.5　应用程序的发布

1. 生成 EXE

一个 Visual Basic 6.0 程序可以在 Visual Basic 6.0 环境下直接运行，此时以"解释"方式运行；也可以先编译生成 EXE 文件，然后脱离 Visual Basic 6.0 环境而直接在 Windows 环境下运行。

要生成应用程序的 EXE 版本，可执行【文件】/【生成.exe】命令，弹出【生成工程】对话框，如图 1-5 所示。在【保存在】下拉列表框中选择文件存放的位置，在【文件名】文本框中输入 EXE 文件名，单击【确定】按钮即可。如果在【生成工程】对话框中单击【选项】按钮，则打开【工程属性】对话框，可对工程的版本、标题、图标等信息进行设置。

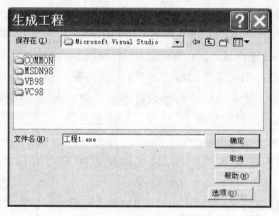

图 1-5　"生成工程"对话框

2. 程序打包

生成工程的 EXE 版本后，虽然可以脱离 Visual Basic 6.0 环境运行，但仍然还需要 Visual Basic 6.0 系统的一些文件支持，所以不能直接把 EXE 文件复制到别的系统上运行。为了便于用户的使用和应用软件的商品化，就需要将应用程序打包制作成安装盘。

安装盘的制作包括检查磁盘状态、磁盘剩余空间、收录.Ocx、.Dll 等文件，创建目录、压缩文件、分割文件存放到指定的存储介质等。在 Visual Basic 6.0 中，可直接安装到服务器上，所以 Visual Basic 6.0 把建立安装程序分为"打包"和"展开"两个独立的步骤来完成。操作过程如下：

退出 Visual Basic 6.0,选择【开始】/【程序】/【Microsoft Visual Basic 6.0 中文版】/【Microsoft Visual Basic 6.0 中文版工具】/【Package & Deployment 向导】命令,打开【打包和展开向导】对话框,如图 1-6 所示。

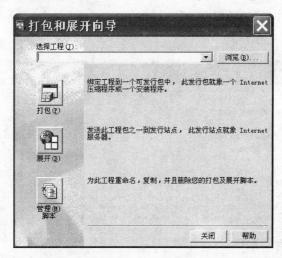

图 1-6　"打包和展开向导"对话框

该对话框中有 3 个按钮:

【打包】:把工程中用到的各种类型的文件,包括工程自身的文件、必要的系统文件和安装主文件,进行打包压缩,存放到特定的目录下。

【展开】:把打包的文件展开到用户可以携带的用来安装的软盘或光盘等介质上。

【管理脚本】:记录打包或展开过程中的设置,便于以后做同样的操作。

打包的操作步骤如下:

(1)在【选择工程】下拉列表框中输入要打包的工程文件的路径和名称,或单击【浏览】按钮定位要打包的工程文件。确定后单击【打包】按钮,弹出【包类型】对话框,如图 1-7 所示。

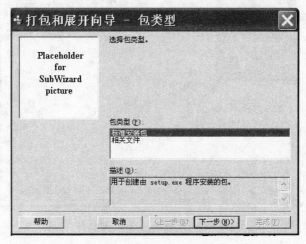

图 1-7　"包类型"对话框

11

（2）从列表框中选择包类型。包类型有两种："标准安装包"专为由 Setup.exe 程序安装而设计；"相关文件"仅创建从属文件。

这里选择"标准安装包"，单击【下一步】按钮，弹出【打包文件夹】对话框。

（3）在【打包文件夹】对话框中选择好打包的文件夹，单击【下一步】按钮，弹出【包含文件】对话框，如图 1-8 所示。

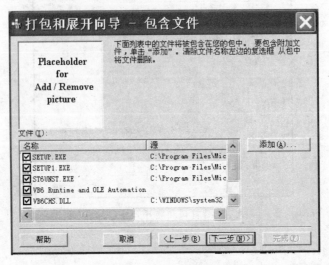

图 1-8　"包含文件"对话框

（4）【包含文件】对话框中显示的是要包含在包装中的文件列表，单击【添加】按钮，可向包中添加附加文件，也可从列表中删除不需要的文件（若安装到的机器无 Visual Basic 6.0 系统，一般不作修改）。单击【下一步】按钮，弹出【压缩文件选项】对话框，如图 1-9 所示。

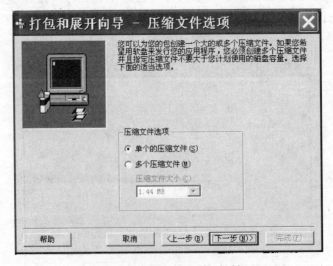

图 1-9　"压缩文件选项"对话框

在这个对话框中,决定包是创建一个大的.cab 压缩文件,还是将包装拆分为一系列小的.cab 压缩文件。若要把安装程序展开到软盘,必须选择【多个压缩文件】选项,即产生多个 1.44MB 的.cab 压缩文件,否则可选择【单个的压缩文件】选项。

(5) 在随后的向导对话框中依次设置安装程序的标题、启动菜单项、安装位置、共享文件等有关信息。最后弹出【已完成】对话框,单击【完成】按钮,完成打包操作,生成一份打包报告并返回【打包和展开向导】对话框。

包展开是将打包的结果复制一份到展开目录。此展开对软盘或 Web 发布是必须做的,否则仅用简单的复制可能出现问题。包展开的操作步骤如下:

(1) 在【打包和展开向导】对话框中单击【展开】按钮,弹出【要展开的包】对话框。

(2) 从中选择"标准安装软件包",单击【下一步】按钮,弹出【展开方法】对话框,如图 1-10 所示。

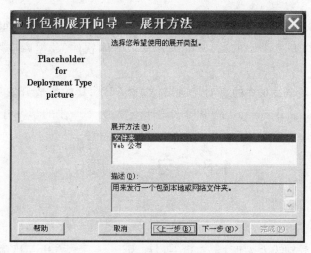

图 1-10 "展开方法"对话框

(3) 选择"软盘",单击【下一步】按钮,将提示需要几张软盘,按提示插入软盘,即可将压缩包复制到各个软盘上。

第一张软盘上包含 Setup.exe 文件。安装时运行该程序,然后和安装一般 Windows 应用程序一样,使用 Microsoft 标准的 Windows 安装程序技术,便可很容易地安装打包的工程。

1.6 独立实践——我的 VB 程序

设计 VB 6.0 应用程序,在屏幕上显示"这是我的第一个 VB 程序!",并显示自己的班级、姓名、学号,程序运行结果如图 1-11 所示。最后,保存该应用程序于 D 盘,并编译成可执行文件也保存在 D 盘,比较两次保存后的文件。

图 1-11　这是我的第一个 VB 程序！

1.7　小　　结

Visual Basic 6.0 采用面向对象与事件驱动的程序思想，使编程变得更加方便、快捷。使用 VB 6.0 既可以开发小型工具，又可以开发多媒体软件、数据库应用程序、网络应用程序等大型软件。

本项目主要学习 VB 6.0 的启动与退出，熟悉 VB 6.0 的集成开发环境，了解主要窗口的作用，学习 Visual Basic 6.0 简单程序设计流程，为下一步的学习打下基础。

1.8　习　　题

1. 填空题

(1) 代码窗口分别为左右两栏，左边一栏称为_____，右边一栏称为_____。

(2) 在保存 Visual Basic 6.0 应用程序时，窗体文件和工程文件的扩展名分别为_____和_____。

(3) 属性窗口分 4 个部分，这四个部分分别是_____、_____、_____和_____。

2. 选择题

(1) 如果在立即窗口中执行以下操作(其中，<CR>表示按回车键)：

```
a=8<CR>
b=9<CR>
print a>b<CR>
```

则输出结果是(　　)。

　　A. −1　　　　　　　B. 0　　　　　　　C. False　　　　　　D. True

(2) 为了装入一个 Visual Basic 6.0 应用程序，下列说法中正确的是(　　)。

　　A. 只装入窗体文件(.frm)

B. 只装入工程文件(.vbp)

C. 分别装入工程文件和标准模块文件(.bas)

D. 分别装入工程文件、窗体文件和标准模块文件

(3) Visual Basic 6.0 窗体设计器的主要功能是(　　)。

　　A. 建立用户界面　　　　　　　　B. 编写源程序代码

　　C. 画图　　　　　　　　　　　　D. 显示文字

(4) 用标准工具栏中的工具按钮不能执行的操作是(　　)。

　　A. 添加工程　　　　　　　　　　B. 打印源程序

　　C. 运行程序　　　　　　　　　　D. 打开工程

(5) 假定窗体的名称(Name 属性)为 Form1,则把窗体的标题设置为"VB Test"的语句为(　　)。

　　A. Form1＝"VB Test"　　　　　　B. Caption＝"VB Test"

　　C. Form1. Text＝"VB Test"　　　　D. Form1. Name＝"VB Test"

3. 思考题

(1) Visual Basic 6.0 集成环境的主窗口由哪几部分组成?

(2) 简述对象的三要素。

项目 2　迷你计算器

本项目学习目标

- 掌握 Visual Basic 6.0 基本输入和输出控件
- 掌握 Visual Basic 6.0 中的数据类型及其运算
- 掌握 Visual Basic 6.0 程序设计基本控制结构

在 Visual Basic 6.0 语言中，控件的主要功能是用来获取用户的输入信息和显示输出信息。在建立 Visual Basic 6.0 的应用程序时，应该首先设计代码的结构。Visual Basic 6.0 将代码存储在 3 种不同的模块中：窗体模块、标准模块和类模块。在这 3 种模块中都可以包含：声明（常数、变量、动态链接库 DLL 的声明）和过程（Sub、Function、Property 过程）。Visual Basic 6.0 虽然采用事件驱动调用相对划分得比较小的子过程，但是对于具体的过程本身，仍然要用到结构化程序设计的方法。结构化程序设计包含 3 种基本结构：顺序结构、选择结构和循环结构。它们形成了工程的一种模块层次结构，可以较好地组织工程，同时也便于代码的维护。本项目将通过计算器的制作，学习这些基本控件和数据运算以及代码控制结构的具体应用。

2.1　项 目 分 析

计算器是日常生活和学习中最常见的工具之一，在 Windows 操作系统中也有简单的计算器。本节将通过分析计算器的工作过程，用 Visual Basic 6.0 来制作简单的计算器。

用户首先需掌握 Visual Basic 6.0 中的基本输入/输出控件，那就是 Label 控件、Textbox 控件和 Command 控件，这些都是计算器程序界面中必备的控件对象。在本项目中，将要认识这些控件的基本属性、方法和事件，创建计算器程序的应用界面。

本项目的功能类似于 Windows 系统自带的计算器，除了实现加、减、乘、除四则运算外，还可以求平方根、求模（余数）和求次幂，"C"键清除操作，"="键输出运算结果，如图 2-1 所示。

图 2-1　迷你计算器

2.2 操作过程

1. 界面设计

迷你计算器控件框架如图 2-2 所示。

其创建步骤如下：

（1）运行 Visual Basic 6.0 后，在弹出的【新建工程】对话框中选择【标准 EXE】项，单击【确定】按钮。

（2）程序将创建一个名为"Form1"的工程窗口，单击选中此窗口，然后调整到合适的大小，这也是将来程序主窗口的大小（为方便起见，本书中一切鼠标的事件，如单击、拖动等，如果不加特殊说明，都是指鼠标左键事件）。

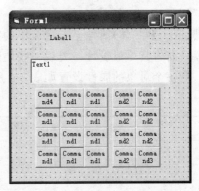

图 2-2 迷你计算器框架图

（3）从工具栏中向工程窗口添加 1 个 Label 标签控件 **A**、1 个 Textbox 文本框控件 **ab** 和 4 个 Command button 命令控件 ▣。标签（Label）常用于显示用户不能编辑、修改的文本；文本框（Textbox）可以供用户输入数据，是 Visual Basic 6.0 中显示和输入文本的主要机制；命令按钮（Command button）用来接收用户的操作信息，触发相应的事件过程。添加控件的方法请参照项目 1 中 1.4 节对象的建立。

（4）单击 Command1 控件，选择【编辑】/【复制】命令将其复制，再选择【编辑】/【粘贴】命令将复制的对象粘贴到工程窗口中。这时，Visual Basic 6.0 会询问"是否要创建控件数组"，选择"是"，则工程窗口中出现两个一模一样的 Command1 控件。

（5）继续选择【编辑】/【粘贴】命令，直到产生 11 个 Command1 为止。这些控件仅仅在其 Index 属性上有差别，因而对程序的编写十分方便。创建控件数组是一个十分有用的编程技巧，本书在后面的例子中还将多次使用控件数组，读者要注意掌握这一技巧。

（6）按照相同的方法创建 Command2，控件数组，创建 Command3、Command4 按钮，排列好控件并调整大小后，得到大致如图 2-2 所示的程序界面。

2. 设置对象属性

迷你计算器设置界面中对象的属性的步骤如下：

（1）选中 Form1 窗体，在【属性窗口】中找到【Caption】项，将其由"Form1"改为"迷你计算器"。

（2）将 Label1 的【Caption】属性设置为"迷你计算器"。

（3）将 Command1 控件数组中各控件的【Index】属性分别设置为 0～9，【Caption】属性分别改为与其 Index 值相同；将【Index】属性为"10"的 Command1 控件的【Caption】属性改为"."。

（4）将 Command2 控件数组中【Index】属性为 0～6 的控件的【Caption】属性分别改为与"＋"、"－"、"＊"、"/"、"sqrt"、"％"、"x^y"。

（5）将 Command3 控件的【Caption】属性改为"＝"，将 Command4 控件的【Caption】属性改为"C"。

（6）选中 Text1 控件，在【属性窗口】的【Text】选项中，将字符串"Text1"去掉，然后将其【Alignment】（对齐）属性改为"1 靠向右边"，以符合大多数计算器的习惯。接下来调整其【Font】（字体）属性至合适大小的字体。许多类似的外观属性并没有强制性的规定，读者只需将其尽量设计得美观一些便可以了。

各个对象的属性设置如表 2-1 所示。

表 2-1　迷你计算器各对象属性

对　　象	属　　性	属　性　值
Form1	Caption	迷你计算器
Label1	Caption	迷你计算器
	Font	华文行楷＋小三
	Back color	&H00ffc0c0&
Text1	Text	
	Font	Times New Roman
	Fore color	&H00c00000&
Command button	Caption	各个数字及符号
	Font	Arial black＋五号

3. 代码实现

程序开始运行时便定义"Num1"、"Num2"、"Result"三个窗体通用变量来存放操作数和运算结果，以便于各个 Command 控件在事件中共同调用。定义窗体通用变量 Opt num 来保存按下的运算符，以便在输出结果"＝"时进行计算。

具体代码如下：

```
Option Explicit                          '通用声明部分
Dim Num1, Num2, Result As Double         '定义窗体级变量
Dim Opt num As Integer

Private Sub Command1_Click(Index As Integer)
                  '对命令按钮 Command1 控件数组的 Click 事件编写代码输入数值
If Index=10 Then
Text1.Text=Text1.Text & "."
Else
Text1.Text=Text1.Text & Index
```

```
End If
End Sub


Private Sub Command2_Click(Index As Integer)
'对 Command2 控件数组的 Click 事件编写代码,通过窗体通用变量 Optnum 来记录要进行的运算
Opt num=Index                    '将按下的命令按钮的索引号 Index 保存在 Opt num 中
Num1=Cdbl(Text1.Text)
If Opt num=4 Then
    Result=Sqr(Num1)
    Text1.Text=Result
Else
    Text1.Text=""
End If
End Sub


Private Sub Command3_Click()
'对 Command3 命令按钮的 Click 事件编写代码,求运算结果,并将运算结果通过 Text1 显示出来
Num2=Cdbl(Text1.Text)
Select Case Opt num              '通过判断 Opt num 的值进行+、-、*、/等不同运算
Case 0
    Result=Num1+Num2
Case 1
    Result=Num1-Num2
Case 2
    Result=Num1 * Num2
Case 3
    Result=Num1/Num2
Case 4
Case 5
    Result=Num1 Mod Num2
Case 6
    Result=Num1 ^ Num2
End Select
Text1.Text=""
Text1.Text=Result               '将结果显示在文本框 Text1 中
End Sub


Private Sub Command4_Click()
Num1=0
Num2=0
Result=0
Opt num=0
Text1.Text=""
End Sub
```

2.3 相关知识

2.3.1 标签

标签(Label)**A**在 Visual Basic 6.0 中应用较多,常用于显示用户不能编辑、修改的文本。所以,Label 控件可以用来标志窗体和窗体上的对象,通常用来标志那些本身不带标题(Caption)属性的控件,如 Textbox、Scrollbar。也可以用于显示处理结果、事件进程、帮助等信息。其主要属性如表 2-2 所示。

表 2-2 标签的常用属性

属 性 项	说 明
Name	标签对象名称
Alignment	设置【Caption】属性文本的对齐方式:0—左对齐,1—右对齐,2—中间对齐
Appearance	是否要用立体效果绘制:1—3D
Auto size	设置控件的大小是否随标题内容的大小自动调整,取值为 True/False
Back color	设置背景色
Back style	设置背景模式:0—不透明,1—透明
Border style	设置边界模式:0—无边界线,1—固定单线框
Caption	设置标题
Data field	设置此对象链接到数据表的字段名称
Data format	设置此对象链接到数据表的字段数据格式
Data member	设定一个特定的数据成员或从几个数据成员中返回
Data source	设置该对象链接到数据源的名称
Drag icon	设置该命令按钮对象在拖动过程中鼠标的图标
Drag mode	设置拖动该对象的模式:0—Manual,1—Automatic
Enabled	设置控件是否对事件产生响应,取值为 True/False,设为 False 时图标模糊
Fore color	设置前景颜色
Font	设置字体及字号等
Height	设置对象的高度

标签也支持多种事件,但一般不为其编写事件过程。

2.3.2　文本框

文本框(Textbox)可以供用户输入数据,既是 Visual Basic 6.0 中显示和输入文本的主要机制,也是 Windows 用户界面中最常用的控件。文本框提供了所有基本字处理功能,在 Windows 环境中几乎所有的输入动作都是利用文本框来完成的。文本框是个相当灵活的输入工具,可以输入单行文本,也可以输入多行文本,还具有根据控件的大小自动换行以及添加基本格式的功能。

1. 文本框的属性

文本框可以输出、编辑、修改和输入信息。其主要属性如表 2-3 所示。

表 2-3　文本框的属性

属　性	说　明
Text	设置文本框中显示的内容。程序执行时,用户在文本框输入的内容会自动保存在该属性中
Locked	指定文本框是否可被编辑。False(默认值)—可以编辑文本框中的文本;True—可以滚动和选择控件中的文本,但不能编辑
Max length	设置允许在文本框中输入的最大字符数。默认值为 0,表示该单行文本框中字符串的长度只受操作系统内存的限制;若设置为大于 0 的数,表示能够输入的最大字符数目
Multiline	设置是否可以输入多行文本。True—以多行文本方式显示;False(默认)—以单行方式显示,超出文本框宽度的部分被截除。按 Ctrl+Enter 可以插入一个空行
Pass word char	设置是否在控件中显示用户输入的字符。默认时,该属性值为空字符串(不是空格),用户从键盘上输入的字符都可在文本框中显示出来
Scrollbars	确定文本框中是否有垂直或水平滚动条。0—文本框中没有滚动条;1—只有水平滚动条;2—只有垂直滚动条;3—同时具有水平和垂直滚动条
Sellength	当前选中的字符数,只能在代码中使用。值为 0 时,表示未选中任何字符
Selstart	定义选择文本的起始位置,只能在代码中使用。第一个字符的位置为 0,第二个字符的位置为 1,依次类推
Seltext	含有当前选中的文本字符串,只能在代码中使用

2. 文本框事件和方法

文本框支持 Click、Dbl click 等鼠标事件,同时支持 Change、Got focus、Lost focus、Key press 事件,具体说明如表 2-4 所示。

表 2-4 文本框事件和方法

事件/方法	功 能 说 明
Change 事件	当在文本框中输入新信息或在程序中改变 Text 属性值时就会触发 Change 事件
Got focus 事件	按下 Tab 键或单击该对象使它获得焦点(即处于活动状态)时,键盘上输入的每个字符都将在该文本框中显示出来。只有当一个文本框被激活并且可见性为 True 时才能接收到焦点
Lost focus 事件	按下 Tab 键或单击其他对象使焦点离开该文本框时触发该事件。用 Change 事件过程和 Lost focus 事件过程都可以检查文本框的 Text 属性值,但后者更有效
Key press 事件	该事件与键盘输入有关,适用于窗体和大部分控件,用来识别输入的字符,当在键盘上按下某个键时触发该事件
Set focus 方法	该方法可以把光标移动到指定的文本框中。当在窗体上建立了多个文本框后,可以用该方法把光标置于所需要的文本框

2.3.3 命令按钮

Visual Basic 6.0 中的按钮控件是指命令按钮(Command button)▣,它是 Visual Basic 6.0 应用程序中最常用的控件。命令按钮用来接收用户的操作信息,触发相应的事件过程。系统隐含命令按钮的名称为 Command X(其中 X 为 1,2,3,…)。

1. 命令按钮的属性

在应用程序中,命令按钮通常用来在单击时执行指定的操作。其主要属性如表 2-5 所示。

表 2-5 命令按钮控件属性

属 性	说 明
Cancel	设置该命令按钮是否为 Cancel Button,即在运行时按 Esc 键与单击该命令按钮的作用相同。取值为 True/False
Default	设置该命令按钮是否为窗体的默认按钮,即在运行时按回车键与单击该命令按钮的作用相同。取值为 True/False
Style	设置对象的外观形式:0—标准(只能显示文字);1—图形(既能显示文字,又能显示图形)
Picture	设置命令按钮的图标,当 Style=1 时有效
Down picture	设置当控件处于按下状态时在控件中显示的图形,Style=1 时有效
Disable picture	设置命令按钮被禁止操作时显示的图标,当 Style=1 时有效

2. 命令按钮常用的事件

① Click 事件:当用户用鼠标单击一个对象时,所触发的事件称为 Click 事件。

② Mouse down 事件:鼠标位于按钮上并按下鼠标按钮时,所触发的事件称为

Mouse down 事件。

③ Mouse up 事件：释放鼠标按钮时，所触发的事件称为 Mouse up 事件。

注意：命令按钮不支持双击(Dbl click)事件。

实例 2-1 求两个整数的和。

分析：两个整数可以通过两个文本框(Text)输入，通过单击"求和"按钮(Command)来驱动求和程序，并且将和数显示在第三个文本框中。第二个命令按钮"清屏"用来清除三个文本框的数值。通过三个标签(Label)来显示三个文本框的不同作用。

建立用户界面如图 2-3 所示。

对象建立好后，就要为其设置属性值。本例中各控件对象的有关属性设置如表 2-6 所示，设置后的用户界面如图 2-4 所示。

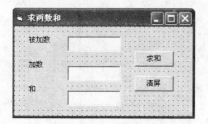
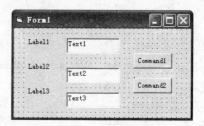

图 2-3 求两个整数的和   图 2-4 例 2-1 控件框架

表 2-6 例 2-1 的属性设置

默认控件名	标题(Caption)	文本(Text)
Form1	求两数和	
Label1	被加数	
Label2	加数	
Label3	和	
Text1		空白
Text2		空白
Text3		空白
Command1	求和	
Command2	清屏	

建立了用户界面并为对象设置了属性后，就要考虑选择对象的事件和编写事件过程代码了。

根据本例分析：

① 当单击"求和"按钮时进行求和，就要对"求和"按钮 Command1 对应的 Click 事件进行编程。

② 当单击"清屏"按钮时，清除三个文本框的所有内容，就要对"清屏"按钮

23

Command2 对应的 Click 事件进行编程。

在代码窗口的两个过程体如下：

```
Private Sub Command1_Click()
    Dim X, Y, Z As Integer
    X=Val(Text1.Text)
                        '将文本框 Text1、Text2 中的数字字符串分别转换成数值赋值给变量 X、Y
    Y=Val(Text2.Text)
    Z=X+Y
    Text3.Text=Z
End Sub

Private Sub Command2_Click()      '清空三个文本框
    Text1.Text=""
    Text2.Text=""
    Text3.Text=""
End Sub
```

提示：若要输入"加数"后回车求和，则需为 Text2 对象的 Key press 事件编写如下求和代码：

```
Private Sub Text2_Key press(Key ascii As Integer)
    Dim X, Y, Z As Integer
    If Key ascii=13 Then
                            '回车键(Enter 键)的 Key ascii 值为 13,由此可判断是否按下回车键
    X=Val(Text1.Text)
    Y=Val(Text2.Text)
    Z=X+Y
    Text3.Text=Z
    End If
End Sub
```

2.3.4　数据类型

数据既是计算机处理的对象，也是运算产生的结果。为了更好地处理各种各样的数据，Visual Basic 6.0 不但提供了丰富的标准数据类型，还可以由用户自定义所需的数据类型。不同的数据类型所占的存储空间是不同的，选择使用合适的数据类型，可以优化代码的速度和大小。另外，数据类型的不同，计算机对其处理的方法也不同，编程时需要对数据类型进行说明或者定义。

标准数据类型是系统定义的数据类型，表 2-7 中列出了 Visual Basic 6.0 支持的标准数据类型，包括它们占用的存储大小和取值范围。

各个数据类型的具体说明如下。

（1）数值数据类型

数值(Numeric)类型包含：Integer、Long、Single、Double、Currency 和 Byte 6 种数据

类型。

表 2-7 Visual Basic 6.0 的标准数据类型

数据类型	关键字	类型符	前缀	占字节数	范　围
字节型	Byte	无	Byt	1	0～255
逻辑型	Boolean	无	Bln	2	True 与 False
整型	Integer	%	Int	2	−32 767～32 767
长整型	Long	&	Lng	4	−2 147 483 648～2 147 483 647
单精度型	Single	!	Sng	4	−3.402 823 E38～3.402 823 E38
双精度型	Double	♯	Dbl	8	−1.797 693 134 862 32D 308～1.797 693 134 862 32D 308
货币型	Currency	@	Cur	8	−922 337 203 685 477.580 8～922 337 203 685 477.580 7
日期型	Date	无	Dtm	8	01/01/100～12/31/9999
字符型	String	$	Str	与串长有关	0～65 535 个字符
对象型	Object	无	Obj	4	任何对象
变体型	Variant	无	Vnt	根据需要分配	上述有效范围之一

① Integer 和 Long 数据类型存储的是整数值,整数运算速度快、精确,但表示范围小。

Integer 类型可存放的最大整数是 32 767,当程序需要很大的整数时,比如记录当前中国的人口数,应采用 Long 型。Long 型比 Integer 类型的存储空间大,但占用的计算机存储资源也要多一些。

在 Visual Basic 6.0 中,整数表示形式：±N[%][&],其中 N 是 0～9 的数字,%是整型的类型符,& 是长整型的类型符,可省略。

② Single 和 Double 数据类型用于存储浮点实数。在计算机中,小数数据通常被称为浮点型数据。浮点实数表示的范围大,但有误差,运算速度慢。

③ Currency 型是定点实数或整数,用于货币运算。表示形式在数字后加@符号。

④ Byte 数据类型用于存储二进制数据。

（2）日期数据类型

日期(Date)类型的数据在内存中占用 8 个字节,用来保存日期和时间。表示的日期范围是从公元 100 年 1 月 1 日到 9999 年 12 月 31 日,时间从 0:00:00 到 23:59:59。

日期型数据依赖于区域设置,任何可辨认的文本日期值都可以存储为 Date 型数据,日期文字前、后都须加上符号"♯",例如,♯10/12/2000♯、♯January 1,2000♯ 、♯1996-5-15♯ 等都是合法的日期数据。此外,日期型数据还可以以数字序列表示,小数点左边的数字代表日期,而小数点右边的数字代表时间。

（3）逻辑数据类型

逻辑(Boolean)数据类型也称为布尔型,用于逻辑判断,它只有两个值：True(−1)与

25

False(0)。

（4）字符数据类型

字符(String)数据类型用于存放字符串,字符串两侧用双引号""""作为分界符,分界符内是一个任意的字符串序列。例如,"12345"、"程序设计"、"Abcd123"。

注意:字符串""和" "是有区别的,前者表示空字符串,而后者表示一个空格的字符串。

（5）对象数据类型

对象(Object)数据类型以 32 位的地址形式存储,此地址为对象引用。所谓对象引用,就是指对象的存储地址信息,通过这个地址可以访问这个对象的数据。也就是说,对象数据类型只记录某一个数据的存储地址,并不是真正记录那个数据。

（6）变体数据类型

变体(Variant)数据类型是一种特殊的数据类型,为 Visual Basic 6.0 的数据处理增加了智能性,是所有未定义的变量的默认数据类型,它对数据的处理完全取决于程序上下文的需要。它可以包括上述的数值型、日期型、对象型、字符型等数据类型。要检测变体型变量中保存的数值究竟是什么类型,可以用函数 Vartype() 进行检测,根据它的返回值可确定是何数据类型。

2.3.5 常量

计算机在处理收据时,必须将数据装入内存,并对存放数据的内存单元进行命名,通过内存单元名来访问其中的数据。变量或常量就是被命名的内存单元。也就是说,使用这个内存单元的名(变量或常量)就相当于使用了存储于其中的数据。

在 Visual Basic 6.0 中,命名一个常量或变量的规则如下:

- 必须以字母或汉字开头,由字母、汉字、数字或下画线组成,长度小于等于 255 个字符。
- 不要使用 Visual Basic 6.0 中的关键字。
- Visual Basic 6.0 中不区分变量名的大小写。一般变量首字母用大写字母,其余用小写字母表示。常量全部用大写字母表示。
- 为了增加程序的可读性,可在变量名前加一个缩写的前缀来表明该变量的数据类型,对阅读程序代码的人来说,它会有超乎寻常的帮助。缩写前缀的约定参见表 2-7。例如,Strmyname、Intcount 和 Blnto 等都是合法的变量名。按前缀约定它们分别为字符型、整型和逻辑型。

下列是错误或使用不当的变量名:

```
3xy          '以数字开头
X-Y          '不允许出现减号
Zhang Fei    '不允许出现空格
Dim          'Visual Basic 6.0 的关键字
Sin          '虽然允许,但尽量不要使用,避免和 Visual Basic 6.0 的标准函数名相同
```

常量是在程序运行中不变的量,常量可分为一般常量和符号常量。

1. 一般常量

各种类型的常数,其常数值直接反映了其类型,也可在常数值后紧跟类型符显示地说明常数的数据类型。

例如,678、678&、678.56、6.785E3 分别为整型、长整型、单精度浮点数(小数形式)、单精度浮点数(指数形式)。

在 Visual Basic 6.0 中除了十进制数常数外,还有八进制、十六进制常数。

八进制常数形式:数值前加 &O。例如,&O123。

十六进制常数形式:数值前加 &H。例如,&H123、&H2A3B。

2. 符号常量

如果在程序中多次使用一些常数值,或者为了便于程序的阅读或修改,我们可以用符号来表示这些常数,以代替永远不变的数值或字符串。定义形式如下:

Const 符号常量名 [As 类型]=表达式

其中:

① 符号常量名,按照命名规则命名。通常常量名用大写字母,以便区别于变量名。

② [As 类型],说明了该常量的数据类型。若省略该选项,则数据类型由表达式决定。用户也可在常量后加类型符来定义该常量的类型。

③ 表达式,可以是数值常数、字符常数以及由运算符组成的表达式。

例如:

```
Const PI=3.14159          '声明了常量 PI,代表 3.14159,单精度型
Const MAX #=45.68         '声明了常量 MAX,代表 45.68, 双精度型
```

注意:常量一旦声明,在其后的代码中只能引用,不能改变。也就是说,程序中不能对符号常量赋以新值。

2.3.6 变量

变量是在程序运行过程中其值可以发生变化的量。使用变量前,一般必须先声明变量名和其类型,以便系统为它分配存储单元。变量声明分为显式声明和隐式声明。

1. 显式声明

显式声明是在变量使用之前,用 Dim, Static, Public, Private 语句声明变量。Dim 语句可以有一个或多个变量。

Dim 语句形式如下：

Dim 变量名 [As 数据类型]

或

Dim 变量名 [As 数据类型]，变量名 [As 数据类型] …

其中：

① 数据类型，可使用表 2-7 中所列出的关键字。

② [As 数据类型]，方括号部分表示该部分可以默认，即为变体类型。

例如：

```
Dim Intx As Integer                    '创建了整型变量 Intx
Dim Intx, Inty, Intz As Integer        '同时定义多个变量，类型相同
Dim Intx As Integer , Sngall As Single '同时定义多个变量，类型不同
```

对于字符串类型变量，其定义方式有两种：

```
Dim 字符串变量名 As String
Dim 字符串变量名 As String * 字符数
```

前一种方法定义的字符串是不定长字符串，最多可存放 2MB 个字符；后一种方法定义的字符串是定长字符串，存放的最多字符数由 * 号后面的字符数决定。

例如：

```
Dim Strs1 As String                    '声明可变长字符串变量
Dim Strs1 As String * 50               '声明定长字符串变量可存放 50 个字符
```

注意：

- 除了用 Dim 语句声明变量外，还可以用 Static，Public，Private 语句声明变量，这些将在函数过程的定义和调用节讨论。
- 在编写程序时，变量的定义应该写在程序的最前面，至少应该在使用该变量的位置前。

2. 隐式声明

在 Visual Basic 6.0 中，允许对使用的变量未进行上述声明而直接使用，称为隐式声明。所有的隐式声明的变量都是 Variant 类型。

例如：

```
Private Sub Command1_Click()
    Myname="张飞"                        '变量 Myname 为隐式声明的变量
    Text1.Text=Myname
End Sub
```

变量 Myname 被隐式声明为字符串型，在文本框中显示"张飞"。尽管隐式声明比较方便，但如果将变量名拼错的话，会导致一个难以查找的错误。对于初学者，为了调试程

序的方便,一般对使用的变量都进行声明为好。也可在通用声明段使用 Option Explicit 语句来强制显示声明所有变量。要强制显式声明变量,可以采用以下两种方法:

①　在代码窗口中加入语句 Option Explicit。在代码编辑中从对象下拉列表框中选择【通用】,从过程下拉列表框中选择【声明】,然后输入代码"Option Explicit",如图 2-5 所示。

②　从【工具】菜单中选择【选项】命令,在打开的【选项】对话框中单击【编辑器】选项卡,再勾选【要求变量声明】复选框,如图 2-6 所示。

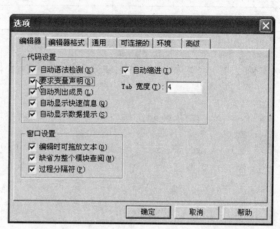

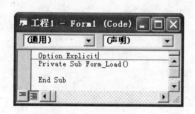

图 2-5　代码窗口　　　　　　　　　　图 2-6　"选项"对话框中的"编辑器"选项卡

3. 变量的作用域

声明变量的位置以及声明时使用的关键字不同,所声明的变量的有效范围也不一样。

(1) 局部变量

局部变量指在过程内用 Dim 语句声明的变量(或不加声明直接使用的变量),只能在本过程中使用的变量,别的过程不可访问。局部变量随过程的调用而分配存储单元,并进行变量的初始化,在此过程内进行数据的存取,一旦该过程体结束,变量的内存自动消失,占用的存储单元释放。不同的过程中可有相同名称的变量,彼此互不相干。使用局部变量,有利于程序的调试。

(2) 窗体/模块级变量

窗体/模块级变量指在一个窗体/模块的任何过程外,即在"通用声明"段中用 Dim 语句或用 Private 语句声明的变量,可被本窗体/模块的任何过程访问。

(3) 全局变量

全局变量指只能在标准模块的任何过程或函数外,即在"通用声明"段中用 Public 语句声明的变量,可被应用程序的任何过程或函数访问。全局变量的值在整个应用程序中始终不会消失和重新初始化,只有当整个应用程序执行结束时,才会消失。

不同作用范围的 3 种变量声明及使用规则见表 2-8。

表 2-8　不同作用范围的 3 种变量声明及使用规则

作 用 范 围	局部变量	窗体/模块级变量	全 局 变 量	
			窗体	标准模块
声明方式	Dim、Static	Dim、Private	Public	
声明位置	在过程中	窗体/模块的"通用声明"段	窗体/模块的"通用声明"段	
能否被本模块的其他过程存取	不能	能	能	
能否被其他模块存取	不能	不能	能,但在变量名前要加窗体名	能

实例 2-2　在下面一个标准模块文件中进行不同级的变量声明:

```
Public Pa As Integer              '全局变量
Private Mb As String * 10         '窗体/模块级变量
Sub F1()
    Dim Fa As Integer             '局部变量
    ...
End Sub
Sub F2()
    Dim Fb As Single              '局部变量
    ...
End Sub
```

同时还要说明,在同一模块中定义了不同级而有相同名的变量时,系统优先访问作用域小的变量名。

```
    Public Temp As Integer        '全局变量
Sub Form_Click()
    Dim Temp As Integer           '局部变量
    Temp=10                       '访问局部变量
    Form1.Temp=20                 '访问全局变量必须加窗体名
    Print Form1.Temp, Temp        '显示 20 和 10
End Sub
```

如上例定义了全局变量和局部变量都为 Temp,在定义局部变量的过程 Form_Click 内访问 Temp 时,则局部变量优先级高,把全局变量 Temp"屏蔽"掉。若想访问全局变量,则必须在全局变量名 Temp 前加模块名。

2.3.7　运算符

在编写程序时,需要对大量的数据进行操作和运算,我们可以通过运算符和操作数组合成表达式,实现程序编写中所要完成的任务。和其他语言一样,Visual Basic 6.0 中也具有丰富的运算符。

运算符是表示实现某种运算的符号。Visual Basic 6.0 中的运算符可分为算术运算符、字符串运算符、关系运算符和逻辑运算符。

1. 算术运算符

如表 2-9 所示,列出了 Visual Basic 6.0 中的算术运算符。运算优先级指的是当表达式中含有多个运算符时,各运算符执行的优先顺序。现以优先级为序列,列出各运算符(设 A 变量为整型,值为 3)。

表 2-9　算术运算符

运算符	含义	优先级	实例	结果
^	幂运算	1	27^(1/3)	3
−	负号	2	−A	−3
*	乘	3	A * A * A	27
/	除	3	10/A	3.333 333 333 333 33
\	整除	4	10\A	3
Mod	取余数	5	10 Mod A	1
+	加	6	10+A	13
−	减	6	A−10	−7

注意:算术表达式是用算术运算符将运算元素连接起来的式子,表达式的值是数值。算术运算符两边的操作数应该是数值型,若是数字字符型,则自动转换成数值型后再运算。

2. 字符串运算符

字符串运算符有两个:"&"和"+",它们都是用来将字符串连接起来。
例如:

```
S1="计算机"+"程序设计"        'S1 结果为"计算机程序设计"
S2="Hello" & "World"        'S2 结果为"Helloworld"
```

注意:

- "+"的两边均是字符型时才将字符串连接起来。若均为数值型,或其中之一为数值型,另一为数字字符型,则进行算术运算;若一个为数值型,另一个为非数字字符型,则出错。
- 在使用"+"运算符时,有可能无法确定是做加法运算还是做字符串连接。为避免混淆,请用"&"运算符连接。

实例 2-3　字符串连接"+"与"&"比较。

```
Private Sub Command1_Click()
    Print "123"+456                '结果是 579
```

```
    Print "123"+"456"              '结果是 123456
    Print "abc"+456                '出错
    Print "123"& 456               '结果是 123456
    Print "123"+"456"              '结果是 123456
    Print 123 & 456                '结果是 123456
    Print "123" & 456+789          '结果是 1231245
End Sub
```

3. 关系运算符

关系运算符是将两个操作数进行大小比较,若关系成立,则返回 True,否则返回 False。操作数可以是数值型、字符型。表 2-10 中列出了 Visual Basic 6.0 中的关系运算符。

表 2-10　关系运算符

运　算　符	含　　义	示　　例	结　　果
=	等于	"ABCDE"="ABR"	False
>	大于	"ABCDE">"ABR"	False
>=	大于等于	"BC" >= "大小"	False
<	小于	23<3	False
<=	小于等于	"23" <= "3"	True
<>	不等于	"Abc" <> "ABC"	True
Like	字符串匹配	"ABCDE" Like "CD"	True
Is	对象引用比较		

注意:

- 汉字字符大于西文字符。
- 在 Visual Basic 6.0 中,增加的 "Like"运算符,与通配符("?"、"*")、"#"、[字符列表]、[!字符列表]结合使用,在数据库的 SQL 语句中经常使用,用于模糊查询。

例如,查找姓名变量中姓"张"的人,则表达式为:

姓名 Like "张*"

又如,查找姓名变量中没有"张"字的人,则表达式为:

姓名 Like "[!张*]"

"Is"关系运算符用于两个对象变量引用比较。

对于表 2-10 中的示例,读者可以通过使用 Print 方法直接在窗体看运行效果。

在使用上述关系运算符时,遵循表 2-11 所示的规则。

表 2-11 比较规则

关系运算符两端	比 较 方 法
都是字符串	按字符的 ASCII 码值比较
都是数值	转换成 Double,然后进行数值比较
一端数值,一端字符串	String 转换成 Double,然后进行数值比较

4. 逻辑运算符

逻辑运算符是将操作数进行逻辑运算,结果是逻辑值 True 或 False。表 2-12 中列出了 Visual Basic 6.0 中的逻辑运算符和运算优先级。

表 2-12 逻辑运算符

运算符	含义	优先级	说 明
Not	取反	1	逻辑值取反
And	与	2	两边逻辑值同时真,则结果才为真
Or	或	3	两边逻辑值有一个为真,则结果才为真
Xor	异或	4	两边逻辑值不同时,则结果才为真
Eqv	等价	5	两边逻辑值相同时,则结果才为真
Imp	蕴涵	6	第 1 个操作数为真,第 2 个操作数为假时,结果才为假,其余结果均为真

逻辑运算是对数值表达式中位置相同的位进行逐位比较,A 和 B 按位进行逻辑运算的结果如表 2-13 所示。

表 2-13 逻辑运算

A	B	Not A	A And B	A Or B	A Xor B	A Eqv B	A Imp B
False	False	True	False	False	False	True	True
False	True	True	False	True	True	False	True
True	False	False	False	True	True	False	False
True	True	False	True	True	False	True	True

2.3.8 表达式

1. 表达式组成

表达式由变量、常量、运算符、函数和圆括号按一定的规则组成。运算后的结果类型由数据和运算符共同决定。

2. 表达式的书写规则

① 运算符不能相邻。例如 A＋－B 是错误的。

② 乘号不能省略。例如 X 乘以 Y 应写成：X ∗ Y，而不能写成：XY。

③ 括号必须成对出现，且均使用圆括号。可以出现多个圆括号，但要配对。

④ 表达式从左到右在同一基准上书写，无高低、大小区分。

3. 不同数据类型的转换

在算术运算中，如果操作数具有不同的数据精度，则 Visual Basic 6.0 规定运算结果的数据类型采用精度高的数据类型。即

```
Integer<Long <Single<Double<Currency
```

4. 优先级

当在表达式中运算符不止一种时，系统会按预先确定的顺序进行运算，这个顺序称为运算符的优先顺序。不同类型的运算符优先级如下：

算术运算符>字符运算符>关系运算符>逻辑运算符

2.3.9　常用内部函数

所谓内部函数，是由 Visual Basic 6.0 系统提供的。每个内部函数都有某个特定的功能，可在任何程序中直接调用。函数具有返回值，应注意函数返回值的数据类型。

内部函数按其功能可分为数学函数、转换函数、字符串函数、日期函数和格式输出函数等。以下叙述中，我们用 N 表示数值表达式、C 表示字符表达式、D 表示日期表达式。函数名后有 $ 符号，表示函数返回值为字符串。

1. 数学函数

常用的数学函数如表 2-14 所示。

提示：

- 在三角函数中，N 以弧度表示。Sqr(N)中 N 不能为负值。
- Rnd 函数（称为随机函数）返回一个 Single 类型的随机数，范围为[0～1]之间的数。随机函数根据一个给定的初值，称为种子值，按照某一种特定的运算来产生一个具有一定随机性的数值。对于任何一个初始种子值，每次得到的随机数序列都是一样的。若需要每次运行时，产生不同序列的随机数，可执行 Randomize 语句。该语句形式如下：

```
Randomize [Number]
```

表 2-14 常用数学函数

函 数 名	含 义	示 例	结 果
Abs(N)	取绝对值	Abs(-5.5)	5.5
Cos(N)	余弦函数	Cos(0)	1
Exp(N)	以 e 为底的指数函数,即 e^x	Exp(3)	20.086
Log(N)	以 e 为底的自然对数	Log(10)	2.3
Rnd[(N)]	产生随机数	Rnd	[0~1)之间的数
Sin(N)	正弦函数	Sin(0)	0
Sgn(N)	符号函数	Sgn(-5.5)	-1
Sqr(N)	平方根	Sqr(9)	3
Tan(N)	正切函数	Tan(0)	0

用 Number 给随机数生成器一个种子值,省略 Number,则用系统计时器返回的值作为新的种子值。

如果要生成一个指定范围的随机数,那么可用表达式:Int(Rnd * 范围 + 基数)。

随机数经常用在模拟过程或者虚拟现实的程序中,比如,制作一个打扑克的游戏,在发牌时就用到随机数。又比如从试题库中调用试题时,也要用到随机数。

实例 2-4 数学函数的使用。

- 将数学表达式 $x^2 + |y| + \sin 30° + \sqrt{xy} + e^3$ 写成 Visual Basic 6.0 表达式:

```
x * x+Abs(y)+sin(30 * 3.1416/180)+Sqr(x * y)+Exp(3)
```

- 生成[20~50]之间的随机数(包括 20,50)表正式如下:

```
Int(Rnd * 31+20)
```

---

2. 转换函数

Visual Basic 6.0 提供了几种转换函数,每个转换函数都可强制一个表达式转换成某种特定的数据类型。常用的转换函数如表 2-15 所示。

3. 字符串函数

当开发应用程序时,字符串经常会使用到,比如换取用户输入的内容并进行处理、显示计算结果等。如果程序能够处理好字符串,那么程序就会显得非常专业化。字符串函数用于字符串处理,Visual Basic 6.0 提供了丰富的字符串函数,给字符类型变量的处理带来了极大的方便。常用的字符串函数如表 2-16 所示。

表 2-15　常用的转换函数

函 数 名	功 能	示 例	结 果
Asc(C)	字符转换成 ASCII 码值	Asc("A")	65
Chr $ (N)	ASCII 码值换成字符	Chr $ (65)	A
Fix(N)	取整	Fix(3.5)	3
Hex[$](N)	十进制转换成十六进制	Hex(100)	64
Int(N)	取小于或等于 N 的最大整数	Int(4.5)	4
Lcase $ (C)	大写字母转为小写字母	Lcase $ ("ABC")	"abc"
Oct[$](N)	十进制转换成八进制	Oct $ (100)	124
Round(N)	四舍五入取整	Round(3.5)	4
Str $ (N)	数值转换为字符	Str $ (123.45)	"123.45"
Ucase $ (C)	小写字母转为大写字母	Ucase $ ("Abc")	"ABC"
Val(C)	字符转换为数值	Val("123AB")	123

表 2-16　常用的字符串函数

函 数 名	说 明	示 例	结 果
Instr([N1,]C1, C2 [,M])	字符串 C2 在字符串 C1 中最先出现的位置,省略 N1 表示从头开始查找	Instr(2," EFABCDEFGH ", "EF")	7
Left(C,N)	取出字符串左边 N 个字符	Left("Abcdef",4)	Abcd
Len(N)	字符串长度	Len("Abcdef")	6
Ltrim(C)	去掉字符串左边的空格	Ltrim(" ABCD")	"ABCD"
Mid(C,N1[,N2])	取字符子串,在 C 中从 N1 位开始向右取 N2 个字符	Mid("ABCDEF", 2, 3)	"BCD"
Right(C,N)	取出字符串右边 N 个字符	Right("ABCDEF",4)	"CDEF"
Rtrim(C)	去掉字符串右边的空格	Rtrim("ABCD ")	"ABCD"
Space(C[,D])	产生 N 个空格的字符串	Space(3)	" "
String(N, C)	重复 N 个字符	String(4 ,"ABCDEFGH")	"AAAA"
Trim(C)	去掉字符串两边的空格	Trim(" ABCDEF ")	"ABCDEF"

4. Shell()函数

在 Visual Basic 6.0 中,不但提供了可调用的内部函数,还可以调用各种可执行程序。通过 Shell()函数来实现。

Shell()函数的格式如下:

```
Shell(命令字符串 [,窗口类型])
```

其中：

① 命令字符串是要执行的应用程序名(包括路径)，它必须是可执行文件(扩展名为.com、.exe、.bat)。

② 窗口类型表示执行应用程序的窗口大小，可选择 0～4 或 6 的整型数值。一般取 1 表示正常窗口状态。

2.3.10　顺序控制结构

第三代计算机语言提出了"结构化程序设计"的概念。所谓结构化是指程序逻辑遵守三种基本结构：顺序结构、选择结构和循环结构。结构化程序设计使得程序代码具有良好的可读性和可维护性。

1966 年 Bohm 和 Jacopini 证明，任何一个单入口、单出口、没有死循环的程序，都可以只由以上三种基本结构构造出来。使用这三种基本结构的程序叫结构化程序。顺序结构就是各语句按出现的先后次序执行；选择结构是先对条件进行判断，根据判断结果，再选择执行不同的分支语句；循环结构是在指定的条件下多次重复执行一组语句。

本小节介绍顺序结构，下一节介绍选择结构，循环结构将在下一个项目的相关知识中介绍。

顺序结构是指程序中的语句按其书写的顺序执行的，即语句的执行顺序与其书写顺序一致。一般的程序设计语言中，顺序结构的语句主要是赋值语句、输入/输出语句等。在 VB 6.0 中也有赋值语句，而输入/输出可以通过文本框控件、Print 方法等实现，系统还提供了与用户交互的函数和过程来实现此类功能。为了便于教与学，将人机交互函数和过程也归纳在顺序结构中介绍。

1. 赋值语句

赋值语句是任何程序设计中最基本的语句，其作用是实现赋值操作，即将一个表达式的值赋给一个变量或某一个对象的属性，它的语法为：

```
[Let] 变量名=表达式                    ①
[Let] [对象名.]属性名=表达式            ②
```

提示：

- 上述格式中 [ ] 内的部分为可选项，"="为赋值号。
- 上述语句①的作用是先计算赋值号右边的表达式的值，然后将其赋给左边的变量。
- 上述语句②的作用是先计算赋值号右边的表达式的值，然后将其赋给左边的对象属性。

实例 2-5　简单赋值语句的使用。

```
Dim Myint As Integer
Text1.Text="Hello World"              '为控件属性赋值
Myint=6                               '为变量赋值
```

注意：在赋值时，右边表达式的类型要与左边变量类型兼容或匹配，否则就会出现错误。

如：M％="1aq"　'出现类型不匹配的错误，因为字符串"1aq"内含有非数字字符，不能转换成数值。

实例 2-6 表达式的类型与变量类型匹配的情况举例。

- 当赋值号两边都是数值型，而其变量类型不同时，强制将右边的数据转换成左边的类型。例如：

```
P&=3.14159#            '转换时四舍五入，P 中的结果为 3
```

- 当赋值号右边是数值型，而左边变量是字符串型时，先将数值转换成字符串，再赋值。例如：

```
S$=476.98              'S 中的数据为字符串"476.98"
```

- 当赋值号右边是字符串型，而左边变量是数值型时，先将数值型数据转换成字符型数据，再赋值，当字符串为空串或里面含有非数字字符时就会出错。例如：

```
Q&="47698"             'Q 中的数据为数值 47698
R%="476kl"             '字符串"476kl"中含有非数字字符，语句出现数据类型不匹配的错误
K%=""                  '语句出现数据类型不匹配的错误
```

- 当将逻辑值赋给字符型变量时，True 转换成字符串"True"，False 转换成字符串"False"，然后再赋值。例如：

```
S$=True                'S 中的数据为字符串"True"
```

- 当将逻辑值赋给数值型变量时，True 转换成数值-1，False 转换成数值 0，然后再赋值。例如：

```
N%=True                'N 中的数据为-1
M%=False               'M 中的数据为 0
```

反过来，当将数值型数据赋给逻辑型变量时，非 0 值转换成 True，数值 0 转换成 False，然后再赋值。

注意：

- 赋值语句中的赋值符号(＝)不是数学中的"等于号"。在数学中，X＝X＋3 是恒不等式，但在 Visual Basic 6.0 中，作为一个语句，其作用是先将变量 X 的值加上 3，再将结果赋给变量 X。在计算机中，每个变量都有自己对应的存储单元，里面可以放一个数据。给变量赋值就是向该变量的存储单元中放入数据，后面赋给变量的值会将变量原来的值冲掉。例如，依次执行下面的语句：

```
A=1
A=6
```

最后，变量 A 的值为 6。

- 若将一个变量的值赋给另一变量,前一变量的值保持不变。例如,执行 B＝1:A＝B 后,变量 B 的值仍然为 1。

- 一个赋值语句只能给一个变量赋值,下面的语句都不正确。

```
Let   A=B=3
Let   A=3,B=3
A,B,C=4
```

- 下面的赋值语句达不到同时给两个变量赋值的目的。

```
Let   A=B=3
```

该语句的作用是将关系表达式 B＝3 的值赋给变量 A。

2. 数据的输入

利用文本框或输入框(Input box)就可实现在程序运行时给变量输入值。

使用文本框给变量输入值时,需要为每个待输入的变量建立文本框控件,程序运行时用户先通过文本框控件输入数据,在程序中读取文本框中的数据,赋给变量。

另一种数据输入的方法是使用 Inputbox 输入框函数。

Inputbox 的语法格式如下:

Inputbox(提示信息[,标题] [,默认值] [,横坐标] [,纵坐标])

注意:

- 提示信息:必需的,它是作为对话框消息出现的字符串表达式。
- 标题:可选的,字符串表达式,其值显示在对话框标题栏中。
- 默认值:该项是可选的。如果省略该项,则输入区为空。
- 横坐标,纵坐标:指定对话框的左边与屏幕左边的水平距离和对话框的上边与屏幕上边的距离,即横坐标与纵坐标。

该函数的作用是:显示一个对话框,通过该对话框来显示提示信息并接收用户的输入,函数返回字符类型的数据,返回值为包含在输入区中的内容。

实例 2-7　要在屏幕上显示如图 2-7 所示的对话框,相应的语句如下:

```
Dim Strv As String * 40, Strs1 As String * 40
Strv=Inputbox( "请输入变量 A 的值"+Vbcrlf+"然后单击确定","输入框" )
                                    'Vbcrlf 是回车换行的系统常量
```

图 2-7　输入框实例界面

也可以用以下语句：

Strs1="请输人变量 A 的值"+Chr(13)+Chr(10)+"然后单击确定"

'Vbcrlf=Chr(13)+Chr(10)

Strv=Inputbox(Strs1, "输入框",, 100,100)

当从键盘输入 100 后，函数返回键盘输入的字符串"100"，赋给变量 Strv，然后可将 Strv 中的字符串转换成数值使用。

3. 数据的输出

Visual Basic 6.0 的输出功能非常丰富，可以通过标签、文本框等对象输出数据，也可以使用 Print 方法在 Form 或 Picture 上输出数据，还可以使用 Msgbox 函数和 Msgbox 过程进行信息的输出。

（1）Print 方法

Print 用于在窗体、图片框、调试窗口、打印机等对象上输出文本。

语法格式：

[对象名.]Print [表达式][,][;]

Print 方法是用来输出数据和文本的一个重要方法之一，其使用说明如表 2-17 所示。

表 2-17　输出语句说明

说　　明	例　　如
"对象名称"可以是窗体（Form）、图片框（Picturebox）或打印机（Printer），也可以是立即窗口（Debug）。如果省略"对象名称"，则在当前窗体上输出	Debug. Print "齐心协力" Picture1. Print "齐心协力" Print "齐心协力"
"表达式表"是一个或多个表达式（数值或字符串）。对于数值表达式，先计算出表达式的值，然后输出；字符串表达式则原样输出，并且字符串一定要放在双引号内。若省略"表达式表"，则输出一个空行	
可用一个 Print 语句输出多个表达式，各表达式用分隔符（逗号、分号、空格或 & 符号）隔开。若用逗号分隔，则按标准输出格式（分区输出格式）显示数据项，各表达式之间间隔 14 个字符位置；若用其他几种分隔符，则表达式按紧凑输出格式输出数据	Print "Aa" & "Bb",-5*6,Not 2<=3 '显示：Aabb　-30　False Print "Aa" & "Bb";-5*6;Not 2<=3 '显示：Aabb　-30　False
Print 方法具有计算和输出双重功能，对于表达式，它先计算后输出	X=20：Y=30 Print (X+Y)/3 （该例中的 Print 方法先计算表达式（X+Y)/3 的值，然后输出）
在一般情况下，每执行一次 Print 方法都会自动换行。若想在一行上显示，则可在 Print 语句的末尾加上分号或逗号	

为了使信息按指定的格式输出，Visual Basic 6.0 提供了几个与 Print 配合使用的函

数,包括 Tab(N)、Spc(N)、Space＄和 Format＄,这些函数可以与 Print 方法配合使用,可以在指定的位置输出内容,如表 2-18 所示。

表 2-18　与 Print 有关的函数

格　式	功　　能	例　如
Tab(N)	Tab 函数把光标移到由参数 N 指定的位置,并从这个位置开始输出信息。要输出的内容放在 Tab 函数的后面,并用分号隔开	Print Tab(30);541 在第 30 个位置输出数值 541
Spc(N)	在 Print 方法或 Print♯语句中,用 Spc 函数跳过 N 个空格。参数 N 是一个数值表达式,取值范围为 0～32 767 的整数。Spc 函数与输出项之间用分号隔开。当 Print 方法与不同大小的字体一起使用时,使用 Spc 函数打印的空格字符的宽度总是等于选用字体内以磅数为单位的所有字符的平均宽度。Spc 函数和 Tab 函数作用类似,可以互相代替 **注意**:Tab 函数需从对象左端开始记数,而 Spc 函数只表示两个输出项之间的间隔	Print"ABC";Spc(5);"DEF"输出:ABC 　　　DEF
Space＄(N)	返回 N 个空格	(在"立即"窗口中试验) Pr＄＝"欢迎"＋Space(4)＋"光临" ＜CR＞ Print Pr＄ ＜CR＞ 显示结果为:欢迎 光临

(2) Msgbox 函数和 Msgbox 过程

Msgbox 函数和 Msgbox 过程主要用于信息输出,它们的区别在于: 前者可用于输出信息并将用户的输入返回;Msgbox 过程只能用于输出信息,不能返回用户输入。其语法格式如下:

函数形式:变量名%=Msgbox(提示信息 [,按钮] [,标题])
过程形式:Call Msgbox(提示信息 [,按钮] [,标题])

或

Msgbox 提示信息 [,按钮] [,标题]

Msgbox 函数和 Msgbox 过程的语法具有以下几个命名参数:

- 提示信息:意义与 Inputbox 中"提示信息"参数相同。
- 标题:可选的,意义与 Inputbox 中"标题"参数相同,该参数的默认值为应用程序名。
- 按钮:整型表达式,是值的总和,它指定显示按钮的数目、图表类型及形式,该参数设置值见表 2-19。将该表中数字相加以生成按钮参数值的时候,只能由每组值取用一个数字。该参数的默认值为 0。

Msgbox 函数的作用是在对话框中显示消息,等待用户单击按钮,并返回一个 Integer 值告诉用户单击哪一个按钮。具体如表 2-20 所示。

表 2-19 按钮设置值及其意义

分 类	常 数	值	描 述
按钮的类型	Vbokonly	0	只显示 OK 按钮
	Vbokcancel	1	显示 OK 及 Cancel 按钮
	Vbabortretryignore	2	显示 Abort、Retry 及 Ignore 按钮
	Vbyesnocancel	3	显示 Yes、No 及 Cancel 按钮
	Vbyesno	4	显示 Yes 及 No 按钮
	Vbretrycancel	5	显示 Retry 及 Cancel 按钮
按钮图标的样式	Vbcritical	16	显示 Critical Message 图标
	Vbquestion	32	显示 Warning Query 图标
	Vbexclamation	48	显示 Warning Message 图标
	Vbinformation	64	显示 Information Message 图标
默认按钮	Vbdefaultbutton1	0	第一个按钮是默认值
	Vbdefaultbutton2	256	第二个按钮是默认值
	Vbdefaultbutton3	512	第三个按钮是默认值
模式	Vbapplicationmodal	0	应用程序强制返回；应用程序一直被挂起，直到用户对消息框作出响应才继续工作
	Vbsystemmodal	4096	系统强制返回；全部应用程序都被挂起，直到用户对消息框作出响应才继续工作

表 2-20 Msgbox 函数返回值及其意义

VB 常数	返回值	被单击的按钮	VB 常数	返回值	被单击的按钮
Vbok	1	OK	Vbignore	5	Ignore
Vbcancel	2	Cancel	Vbyes	6	Yes
Vbabort	3	Abort	Vbno	7	No
Vbretry	4	Retry			

实例 2-8 使用 Msgbox 函数，当单击窗体时，在具有"是"及"否"按钮的对话框中显示一条严重错误信息。

本例中的默认按钮为"否"，Msgbox 函数的返回值视用户按哪一个按钮而定。程序执行结果如图 2-8 所示。

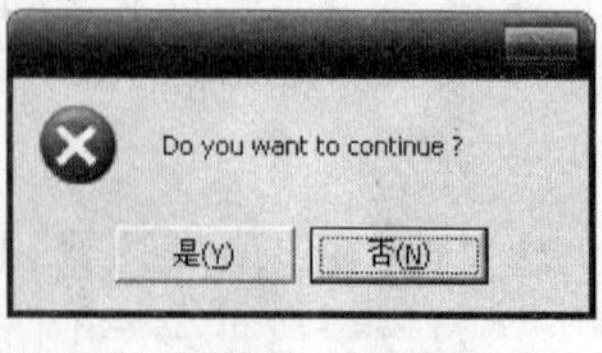

提示：本题只需一个窗体，无须进行界面对象设置。因为要知道用户按了哪个按钮，故用 Msgbox 函数而非 Msgbox 过程。

图 2-8 Msgbox 消息框演示

因为按钮的类型及数目为"是"、"否"，按钮样式为严重错误型，默认按钮为第二个，所以按钮参数的值应为：

Vbyesno+Vbcritical+Vbdefaultbutton2

程序代码如下：

```
Private Sub Form_Click()
    Dim Msg As String * 40, Style%, Titl$, Response%
    Msg="Do You Want To Continue?"                    '定义信息
    Style=Vbyesno+Vbcritical+Vbdefaultbutton2         '定义按钮
    Title="Msgbox Demonstration"                      '定义标题
    Response=Msgbox(Msg, Style, Titl)
    If Response=Vbyes Then                            '用户按下"是"
        Print "用户按下了 Yes 按钮"                    '完成某操作
    Else                                             '用户按下"否"。
        Print "用户按下了 No 按钮"                     '完成某操作
    End If
End Sub
```

注意：在 VB 6.0 中调用任何函数时，其中的参数都必须按语法要求规定的顺序提供数据。但是 VB 6.0 支持命名参数，使用命名参数，就可摆脱此约束，以任意顺序给参数提供数据。所谓命名参数，就是在对象库中预先定义了其名称的一个参数。

使用命名参数的方法如下：

命名参数名:=参数值

在上面 Msgbox 函数和 Inputbox 函数的语法格式中的命名参数名分别是：Prompt（提示信息）、Title（标题）、Buttons（按钮）、Xpos（横坐标）、Ypos（纵坐标）。

实例 2-5 中的 Msgbox 函数调用语句用命名参数可改写如下：

```
Response=Msgbox(Title:=Titl ,Prompt:=Msg, Buttons:=Style)
```

改写前后的效果是一样的。

2.3.11 分支控制结构

分支结构也叫选择结构，是指由特定的条件决定执行哪个语句的程序结构。最基本的选择结构是二分支选择结构，即当程序执行到某一语句时，要进行一下判断，从两种路径中选择一条。例如，求 A，B 两个数中的最大者就要对这两数进行比较判断，决定输出 A 还是 B。除二分支选择结构外，还有多分支选择结构。

VB 6.0 中提供 If ，Select Case 等语句来实现分支结构程序设计，即对条件进行判断，根据判断结果，选择执行不同的分支。

If 条件语句有单分支、双分支和多分支等多种形式。

1. If...Then 语句（单分支结构）

语法格式如下：

格式 1

```
If<表达式>Then<语句块>
```

格式 2

```
If<表达式>Then
    <语句块>
End If
```

其中：

＜表达式＞为逻辑型表达式，它可以是逻辑表达式、关系表达式和算术表达式。若为算术表达式，则其值要按非 0 转换为逻辑真，0 转换为逻辑假的规则强制转换成逻辑值。

＜语句块＞可以是一条语句或者多条语句。第一种形式中的语句块中若含有多条语句，则它们必须写在同一行上，且语句间要用"："分隔。

图 2-9　单分支结构

If、Then、End If 是 VB 6.0 关键字，End If 是两个单词，中间至少有一个空格。

第二种形式的 If…Then 语句，必须以一个 End If 结束。

该分支语句的作用是，先计算条件表达式的值，若为逻辑真（True），则执行 Then 后面的语句块，否则不做任何操作，直接转到跟在本分支语句后面的语句去执行。其流程用 N-S 图表示如图 2-9 所示。

实例 2-9　将 X 的绝对值赋给 Y。

程序语句如下：

```
Y=X
If X<0 Then Y=-X        '负数的绝对值等于该数的负
```

也可以写成下面的形式：

```
Y=X
If X<0 Then
Y=-X
End If
```

实例 2-10　比较变量 X,Y 中两个值的大小，使得 X＞Y。

程序语句如下：

```
If X<Y Then              '若 X<Y,则 X 与 Y 交换,使保持 X>Y
    T=X
    X=Y
    Y=T
End If
```

也可写成如下形式：

If X<Y Then T=X: X=Y: Y=T

注意：上面 Then 后面的语句块中三个语句的顺序是固定的，不能改变，否则就达不到互换两个变量的值的目的。读者可以考虑一下为什么？

2. If…Then…Else 语句（双分支结构）

其流程用 N-S 图表示如图 2-10 所示，语法格式如下：
格式 1

```
If<表达式>Then
<语句块 1>
    Else
      <语句块 2>
End If
```

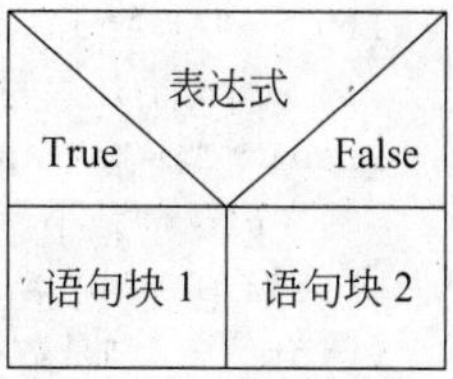

图 2-10　双分支结构

格式 2

```
If <表达式>Then<语句块 1>Else<语句块 2>
```

其中：

<语句块 1>和<语句块 2>其书写格式跟单分支结构中<语句块>的格式要求是一样的。Else 也是 VB 6.0 关键字。

在格式 1 中，If 块必须以一个 End If 语句结束。

这种双分支语句的作用是从两个语句块中选择一个执行，其执行过程是，先计算表达式的逻辑值，若其为 True，则执行语句块 1；否则执行语句块 2。

3. If…Then…Elseif 语句（多分支结构）

双分支结构能够方便地根据条件从两个分支中选择一个进行处理，但要用它从多个分支中选择一个进行处理就不方便。为此，VB 6.0 提供了多分支语句。If…Then…Elseif 语句就是这样一种语句，其语法格式如下：

```
If<表达式 1>Then
    <语句块 1>
Elseif <表达式 2>Then
    <语句块 2>
    ...
[Else
    <语句块 N+1>]
End If
```

上述语句中 Elseif 为一个新关键字，书写时 Else 与 if 之间无空格。

该语句的作用是：根据条件表达式的值从 N+1 个语句块中选择一个语句块（即一个分支）执行。VB 6.0 测试条件的顺序依次为表达式 1，表达式 2，…，表达式 N，一旦遇到一个值为 True 的表达式，就执行其对应的 Then 后的语句块；若所有表达式的值皆为 False，且有 Else 子句，就执行语句块 N+1。

注意：多分支语句至多只执行其中的一个分支。在执行完第一个条件成立的分支后，即使后面仍有条件表达式成立，它对应的分支也不再被执行。

实例 2-11 已知变量 C 中存放了一个字符，判断该字符是大写字母、小写字母、数字字符还是其他字符，分别显示提示信息。

程序语句如下：

```
If C>="A" And C<="Z" Then          '变量 C 是大写字母
    Print "是大写字母"
Elseif C>="a" And C<="z" Then      '变量 C 是小写字母
    Print "是小写字母"
Elseif C>="0" And C<="9" Then      '变量 C 是数字
Print      "是数字字符"
Else
    Print   "是其他字符"
End If
```

4. If 语句的嵌套

If 语句的嵌套是指 If 或 Else 后面的语句块中又包含 If 语句。语句形式如下：

```
If <表达式 1>Then
    If <表达式 2>Then
        …
    End If
        …
End If
```

对于嵌套的 If 语句，要注意：If 语句必须与 End If 配对。多个 If 嵌套，End If 与它最接近的 If 配对。

5. 使用分支函数

Visual Basic 6.0 语言提供了 Iif，Choose，Switch 等分支函数，用来从多个数据中选择一个作为函数值返回。现以 Iif 函数为例介绍如下：

Iif 函数：其作用是根据条件表达式的值，来返回两部分参数中的一个。函数的语法如下：

```
Iif(表达式, Truepart, Falsepart)
```

该函数作用：先计算参数表达式的值，若其为逻辑真（True），函数返回 Truepart 参数的值；若其为逻辑假（False），函数返回 Falsepart 参数的值。

例如，使用 Iif 函数来求一个数的绝对值，语句如下：

```
Print Iif(X<0,-X,X)
```

6. 多分支选择语句 Select Case

多分支选择语句即从多种情况中选择一种执行。虽然这类问题用 If 语句的嵌套和 If…Elseif…End If 语句都能解决,但用 Select Case 语句处理这类问题在很多情况下会比前面的方法更方便,更不易出错。Select Case 语句的语法如下:

```
Select Case <测试表达式>
Case 表达式列表 1
    语句组 1
[Case 表达式列表 2
    语句组 2]
…
[Case 表达式列表 N
    语句组 N]
[Case Else
    语句组 N+1]
End Select
```

注意:测试表达式,可以是数值表达式或字符串表达式。表达式列表,与测试表达式的类型必须相同,可以是下面 4 种基本形式之一:

- 表达式
- 表达式 1,表达式 2,…,表达式 N。例如:Case 6, 7, 8,3+10
- 表达式 1 To 表达式 2
  这里 "To" 指定一个范围,必须把数值小的表达式写在它的前面。例如:Case 1 To 5 值在 1 到 5 之间,包含 1 和 5。
- Is <比较运算符> <表达式>
  这里比较运算符可以是小于 (<)、小于等于(<=)、大于(>)、大于等于(>=)、不等于(<>)和等于(=)。例如:Case Is>"Maxnumber"。

表达式列表也可以是上面 4 种基本形式中的多个用 "," 分隔而组成的列表。例如,语句 "Case 1 To 4, 7 To 9, 11, 13, Is>Maxnumber" 是正确的。

Select Case 语句的作用是根据测试表达式的值,来决定从多组语句中选择一组来执行。其执行过程是:先计算测试表达式的值,如果该值首次匹配某个 Case<表达式列表 I>中的某个表达式之值,则在该 Case 子句和下一个 Case 子句的语句组 I 会被执行;如果是最后一个 Case 子句,则会执行到 End Select;然后转到 End Select 后面的语句去执行。如果测试表达式的值匹配多个 Case <表达式列表>子句中的表达式之值,则只有第一个匹配后面的语句组会被执行。当测试表达式的值和所有的 Case <表达式列表>子句中的表达式都不匹配,且存在 Case Else 子句,就执行 Case Else 后面的<语句组 N+1>,然后执行 End Select,否则就直接执行 End Select 语句。

实例 2-12　从键盘输入一个学生的百分制成绩,按优(>=90)、良(80~90)、中(70~80)、合格(60~70)、不合格(<60)5 个等级转换为成绩等级并输出。

分析：

- 本题采用两个文本框分别用于输入百分制成绩和输出等级成绩，并设置两个命令按钮，程序界面对象属性设置如表 2-21 所示。

表 2-21　对象属性设置

控件名称(Name)	标题(Caption)	文本(Text)	字号(Fontsize)磅值
Form1	成绩转换		12
Labelh	百分制成绩：		12
Labell	成绩等级：		12
Texth		" "	10
Textl		" "	10
Command1	转换		10
Command2	结束		10

- 程序按如下过程进行处理：先判断用户有无输入，如有输入且合法，则进行百分制到等级制成绩转换，否则进行提示。

程序语句如下：

```
Private Sub Command1_Click()
    Dim Score As Single, Rank As String
    If Len(Trim(Texth.Text))=0 Or Not Isnumeric(Texth.Text) Then
                    '要求在文本框 Texth 中输入至少 1 位百分制成绩,并且必须是数值型
     Msgbox Prompt:="请先输入百分制成绩!"
    Else
     Score=Val(Texth.Text)
     Select Case Score              '通过判断 Score 的范围求出成绩等级
     Case Is>=90
         Rank="优秀"
     Case Is>=80
         Rank="良好"
     Case Is>=70
         Rank="中等"
     Case Is>=60
         Rank="及格"
     Case Else
         Rank="不及格"
     End Select
     Textl.Text=Rank
    End If
End Sub
Private Sub Command2_Click()
    End                            '结束程序运行
End Sub
```

2.4　独立实践——猜字母游戏

按照要求设计猜字母游戏,程序运行后,窗口如图 2-11 所示。

单击【开始】按钮,程序随机可产生一个字母让用户猜,在文本框中输入所猜得的英文字母后,程序根据所猜字母的情况,给出相应得提示("太大了!"或"太小了!"以及次数),如图 2-12 和图 2-13 所示。

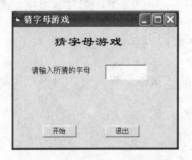

图 2-11　猜字母游戏运行界面

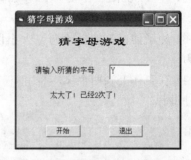

图 2-12　猜字母游戏运行结果"太大了!"

当用户猜对后,窗体中显示出用户用了几次才猜对的,并给出相应的评语,如图 2-14 所示。

如果还想玩此游戏,可再单击【开始】按钮,否则单击【退出】按钮。

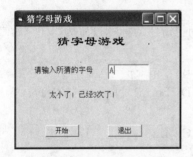

图 2-13　猜字母游戏运行结果"太小了!"

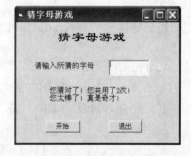

图 2-14　猜字母游戏运行结果"猜对了!"

2.5　小　　结

本项目通过迷你计算器的制作,主要学习了以下几个方面的知识:

① 三种常用控件及其属性:标签、文本框和命令按钮;

② 数据类型、变量、常量、数据运算和内部函数;

③ 顺序控制结构和选择控制结构。

2.6 习　　题

1. 填空题

(1) VB 6.0 变量名的命名规则是：变量名必须以_____开头，长度不能超过_____符，变量名中不能包含_____，在同一个范围内必须是唯一的。

(2) 在 Visual Basic 6.0 中，字符串常量要用_____号括起来，日期/时间型常量要用_____括起来。

(3) 为了使标签能自动调整大小以显示全部文本的内容，应把标签的_____属性设置为_____。

(4) 在窗体上画两个文本框和一个命令按钮，然后在命令按钮的代码窗口中编写如下事件过程：

```
Private Sub Command1_Click()
    Text1.Text="VB Programming"
    Text2.Text=Text1.Text
  Text1.Text="ABCD"
End Sub
```

程序运行后，单击命令按钮，两个文本框中显示的内容分别为_____和_____。

2. 选择题

(1) 假定窗体的名称(Name 属性)为 Form1，则把窗体的标题设置为"VB Test"的语句为(　　)。

    A. Form1="VB Test"　　　　　　　　　B. Caption="VB Test"

    C. Form1.Text="VB Test"　　　　　　　D. Form1.Name="VB Test"

(2) 下面变量名错误的是(　　)。

    A. 我们　　　　　　B. abc　　　　　　C. a123　　　　D. a.c

(3) 表达式 4+5\6 * 7/8 Mod 9 的值是(　　)。

    A. 4　　　　　　　B. 5　　　　　　　C. 6　　　　　　D. 7

(4) 当 VB 执行下面语句后，A 的值为(　　)。

```
A= 1
If A>0 Then A=A+1
If A>1 Then A=0
```

    A. 0　　　　　　　B. 1　　　　　　　C. 2　　　　　　D. 3

(5) 在窗体中添加名称为 Command1 和名称为 Command2 的命令按钮测验文本框 Text1，然后编写如下代码：

```
Private Sub Command1_Click()
    Text1.Text="AB"
```

```
End Sub
Private Sub Command2_Click()
    Text1.Text="CD"
End Sub
```

首先单击 Command2 按钮,然后再单击 Command1 按钮,在文本框中显示(   )。

A. AB   B. CD   C. ABCD   D. CDAB

(6) 在窗体(Name 属性为 Form1)中添加两个文本框(其 Name 属性分别为 Text1 和 Text2)和一个命令按钮(Name 属性为 Command1),然后编写如下事件过程:

```
Private Sub Command1_Click()
    a=Text1.Text+Text2.Text
    Print a
End Sub
Private Sub Form_Load()
    Text1.Text=""
    Text2.Text=""
End Sub
```

程序运行后,在 Text1 和 Text2 中分别输入 12 和 34,然后单击命令按钮,则输出结果为(   )。

A. 12   B. 34   C. 46   D. 1234

3. 思考题

(1) 简述结构化程序设计的三种基本结构。

(2) VB 6.0 的数据类型有哪些?

4. 上机题

(1) 已知圆半径 r=10,求圆面积、球表面积和球体积。

(2) 编写一个程序。使用标签控件,设计如图 2-15 所示的阴影画面。

图 2-15 阴影效果

(3) 编写一个程序。如果在文本框中依次输入字母 A、B、C,则在文本框中依次显示字母 X、Y、Z。

(4) 用输入对话框输入 x,根据下式计算对应的 y,并在窗体上输出 y 的值。

$$y = \begin{cases} \sqrt{x} + \sin x & x > 10 \\ 0 & x = 10 \\ 2x^3 + 6 & x < 10 \end{cases}$$

注:程序写在命令按钮 Command1 的 Click 事件中。

51

项目 3 闹 铃 日 历

本项目学习目标

- 掌握 Visual Basic 6.0 的 Timer 控件等常用控件
- 掌握 Visual Basic 6.0 中的日期函数和时间函数、格式输出函数
- 掌握 Visual Basic 6.0 程序中的循环控制结构

Visual Basic 6.0 是面向对象的程序设计语言,对界面的设计进行了封装,形成了一系列变成控件。在 Visual Basic 6.0 的标准控件中,除了上一项目中学习的几种控件外,还有一些经常会用到的控件,如 Combobox(组合框)、Frame(框架)、Timer(时钟)等。程序设计人员在制作用户界面时,只需拖动所需的控件到窗体中,然后对控件进行属性设置和编写事件过程即可,大大减轻了繁琐的用户界面设计工作。本项目主要应用 Visual Basic 6.0 中的这几个常用控件设计一个带有闹铃功能的日历。同时,我们将介绍日期和时间函数、格式输出函数以及循环控制结构的应用。

3.1 项 目 分 析

本项目界面如图 3-1 所示,用于显示当前日期、时间和星期。还可以打开闹铃设置界面,如图 3-2 所示,设置闹铃时间,同时可以重新设置日历中的各显示格式。日历界面通过日期时间函数显示,其他格式的显示可以通过格式输出函数 Format 设置,时间精确到秒可以通过 Timer 控件设置。两个窗体中控件的使用通过在控件前添加窗体名来区别。

图 3-1 闹铃日历

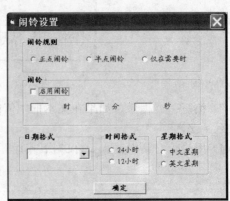

图 3-2 闹铃设置

3.2 操作过程

1. 界面设计

闹铃日历、闹铃设置框架如图 3-3 和图 3-4 所示。

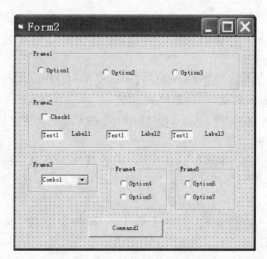

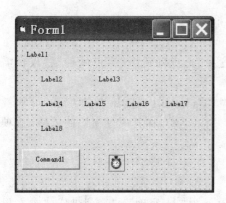

图 3-3 闹铃日历框架图   图 3-4 闹铃设置框架图

其创建步骤如下：

（1）运行 Visual Basic 6.0 后，在弹出的【新建工程】对话框中选择【标准 EXE】项，单击【确定】按钮。

（2）程序将创建一个名为"Form1"的工程窗口，用鼠标左键单击选中，然后将窗口拖放到合适的大小，这也是将来程序主窗口的大小。

（3）从工具栏中向 Form1 窗口添加 8 个 Label 控件、1 个 Commandbutton 控件、1 个 Timer 控件。

（4）单击【工程】/【添加窗体】命令，新建窗体 Form2，用鼠标左键将窗口拖放到合适的大小。

（5）从工具栏中向 Form2 窗口添加 4 个 Frame 控件、1 个 Commandbutton 控件；在 Frame1 中添加 3 个 Optionbutton 控件；在 Frame2 中添加一个 Checkbox 控件、3 个控件数组 Text1（控件数组的添加方法如项目 2）和 3 个 Label 控件；在 Frame3 中添加 1 个 Combobox 控件；在 Frame4 中添加 2 个 Optionbutton 控件；在 Frame5 中添加 2 个 Optionbutton 控件。

2. 设置对象属性

闹铃日历界面中对象的属性的设置步骤如下：

（1）选中 Form1 窗体，在属性窗口中找到 Caption 项，将其由"Form1"改为"闹铃日历"。

(2) 设置 Label1 的 Caption 属性为"今天是",Label3 的 Caption 属性为"年",Label5 的 Caption 属性为"月",Label7 的 Caption 属性为"日"。

(3) 将 Command1 的 Caption 属性设置为"闹铃功能"。

(4) Label2、Label4、Label6、Label8 充当程序的输出部分,在属性窗口的 Caption 选项中,将原字符串删除。接下来调整其 Font(字体)属性至合适大小的字体,比如"楷体_GB2312","四号"。

(5) 将 Timer1 的 Interval 属性设置为"1000"。

(6) 选中 Form2 窗体,在属性窗口中找到 Caption 项,将其由"Form2"改为"闹铃设置"。

(7) 设置 Frame1～Frame5 的 Caption 属性分别为"闹铃规则"、"闹铃"、"日期格式"、"时间格式"、"星期格式"。

(8) 将 Option1～Option3 的 Caption 属性设置为"正点闹铃"、"半点闹铃"、"仅在需要时"。

(9) 将 Check1 的 Caption 属性设置为"启用闹铃";Label1～Label3 的 Caption 属性设置为"时"、"分"、"秒";对于控件数组 Text1(0)～Text1(2),在其属性窗口的 Text 选项中,将原字符串删除。

(10) 将 Combo1 的 List 属性设置为"某年某月某日"、"年-月-日"、"月-日-年"、"日-月-年"、"英文月,日,年"。

(11) 将 Option4～Option7 的 Caption 属性设置为"24 小时"、"12 小时"、"中文星期"、"英文星期"。

(12) 将 Command1 的 Caption 属性设置为"确定"。接下来调整其 Font(字体)属性至合适大小的字体,比如"楷体_GB2312","小四",其中可以设置 Frame 的字体加粗。

属性设置完后程序界面分别如图 3-5 和图 3-6 所示。

图 3-5　闹铃日历界面

图 3-6　闹铃设置界面

3. 代码实现

以 Form1 为主窗体,在 Form1 的代码窗口编写以下程序功能代码:

```
Option Explicit                              '强制变量声明
Private Sub Command1_Click()
Dim i%
Form1.Hide                                   '隐藏 Form1
Form2.Show                                   '显示 Form 2
Form2.Check1.Setfocus                        'Form2 上的复选框 Check1 获得焦点
For i=0 To 2
Form2.Text1(i).Enabled = False    'Form2 上的控件数组 Text1 中的每个控件设置为不可用
Next i
End Sub


Private Sub Timer1_Timer()
If Form2.Option1=True Then                    '正点闹铃
    If Minute(Time)=0 Then
    Beep
    End If
Elseif Form2.Option2=True Then                '半点闹铃
    If Minute(Time)=30 Then
    Beep
    End If
Else                                         '仅在需要时
    If Format(Hour(Time), "##")=Format(Form2.Text1(0), "##") And Format(Minute(Time),
"##")=Format(Form2.Text1(1), "##") And Format(Second(Time), "##")=Format(Form2.Text1
(2), "##") Then                              '当系统时间与文本框中输入的相等时响闹铃
    Beep
    End If
End If
Select Case Form2.Combo1.Listindex            '选择日期格式
Case 0
    Label2.Caption=Format(Date, "Yyyy-Mm-Dd")
Case 1
    Label2.Caption=Format(Date, "Mm-Dd-Yyyy")
Case 2
    Label2.Caption=Format(Date, "Dd-Mm-Yyyy")
Case 3
    Label2.Caption=Format(Date, "Mmmm,D,Yyyy")
Case Else
    Label2.Caption=Format(Date, "Dddddd")
End Select
If Form2.Option5.Value=True Then              '选择时间格式
    Label4.Caption=Format(Time, "Hh:Mm:Ss AM/PM")
Else
    Label4.Caption=Format(Time, "Hh:Mm:Ss")
End If
```

```
If Form2.Option7.Value=True Then          '选择星期格式
    Label6.Caption=Format(Date, "Dddd")
Else
    Label6.Caption=Weekdayname(Weekday(Date))
End If
End Sub


Private Sub Command2_Click()
    End
End Sub
```

3.3 相 关 知 识

3.3.1 单选按钮和复选框

单选按钮(Optionbutton ⊙)提供可选项,并显示该项是否被选中;多个单选按钮组成一个选项组,以控制能够关闭、打开的选项。一个选项组中的单选按钮是相互关联的。单选按钮一般用于一项操作有多种状态的情况,此时本项操作有多个选项可供选择,但只能选择其中的一项。

复选框(Checkbox ☑)从功能上与单选按钮有些类似,都用来指示用户的选择项。二者区别是:一个单选按钮组中各个单选按钮相互关联,只能有一个被选中;而一个复选框组中各个控件独立,可以同时选中任意多个选项。

若在应用程序中创建一个选项按钮组,方法很简单,只要连续创建多个单选按钮即可。

(1) 主要属性

① Value:用于指出控件的状态是否被选中状态。

对于单选按钮,如选中,则值为 True;不被选中,则值为 False。

对于复选框,有三个可选值:0-未选中状态;1-选中状态;2-禁用状态。

② Alignment:用于设置 Caption 属性指定的标题文本是显示在控件右边还是左边。值为 0 时,标题文本显示在控件右边;若设置为 1,则标题文本显示在控件左边。

③ Style:用于设置控件外观的形式。值为 0 时是标准样式;值为 1 时是图形样式。

(2) 主要事件

单选按钮和复选框都支持 Click 事件,Click 事件过程中的代码一般是检测该控件的 Value 值,根据检测的结果执行相应的处理。

3.3.2 框架

框架(Frame ▦)一般作为其他控件的容器,用于将屏幕上的对象进行分组。放在一个框架中的控件从外观上看是一个可标识的控件组;从功能上与其他控件独立。

在框架中创建控件时,必须先创建框架控件,然后从工具箱中选中控件并把它画到框架中。切不可先把控件建立在窗体上,再用鼠标拖到框架中。如果想把已建立好的若干控件分组,并放到框架上,则可以先选中要分为一组的控件,将它们剪切到剪贴板上,然后选定框架控件,再使用粘贴命令。

(1)框架的主要属性

框架控件最常用的属性是 Caption,它是显示在框架左上角的标题文本,常用于标识它框起的这一组控件的功能。

(2)框架的主要事件

框架的用法是将其他控件分组,一般来说是被动地使用,而不必响应它的事件,尽管它也支持许多事件。最需要使用框架的地方是一个窗体上有多组单选按钮,由于多个单选按钮相互关联,必须用框架将它们从功能上分开。

实例 3-1 设置字体格式。

如图 3-7 所示,程序运行后可以通过单击相应单选按钮和复选框,改变文本框中的字体格式。

分析:在文本框 Text 中输入文字,通过单击"字体"框架中的单选按钮重新设置字体,通过"大小"框架中的单选按钮重新设置字号大小,通过 4 个复选框设置字体的其他效果。

① 建立用户界面如图 3-8 所示。

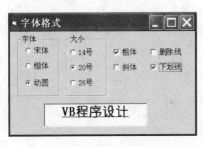

图 3-7 设置字体格式

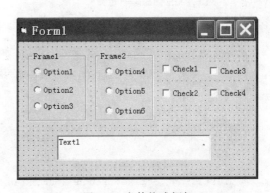

图 3-8 字体格式框架

② 对象建立好后,就要为其设置属性值。本例中各控件对象的有关属性设置如表 3-1 所示。

③ 建立了用户界面并为对象设置了属性后,就要考虑选择对象的事件和编写事件过程的代码。

根据本例分析,只要单击 Optionbutton 或 Checkbox,文本框 Text1 中的字体就改变相关格式,所以分别对 Option1～Option6 的 Click 事件和 Check1～Check4 的 Click 事件编写代码。

表 3-1 字体格式的属性设置

默认控件名	标题(Caption)	文本(Text)	默认控件名	标题(Caption)	文本(Text)
Form1	字体格式		Option5	20 号	
Frame1	字体		Option6	26 号	
Frame2	大小		Check1	粗体	
Option1	宋体		Check2	斜体	
Option2	楷体		Check3	删除线	
Option3	幼圆		Check4	下划线	
Option4	14 号		Text1		空白

在代码窗口的过程程序具体如下：

```
Private Sub Option1_Click()
    Text1.Font.Name="宋体"                      '设置字体
End Sub
Private Sub Option2_Click()
    Text1.Font.Name="楷体_GB2312"
End Sub
Private Sub Option3_Click()
    Text1.Font.Name="幼圆"
End Sub
Private Sub Check1_Click()
    Text1.Font.Bold=Not Text1.Font.Bold
                          '若初始为粗体则置为非粗体,若初始为非粗体则置为粗体
End Sub
Private Sub Check2_Click()
    Text1.Font.Italic=Not Text1.Font.Italic
End Sub
Private Sub Check3_Click()
    Text1.Font.Strikethrough=Not Text1.Font.Strikethrough
End Sub
Private Sub Check4_Click()
    Text1.Font.Underline=Not Text1.Font.Underline
End Sub
Private Sub Option4_Click()                      '设置字体大小
    Text1.Font.Size=14
End Sub
Private Sub Option5_Click()
    Text1.Font.Size=20
End Sub
Private Sub Option6_Click()
```

```
Text1.Font.Size=26
End Sub
```

3.3.3   列表框和组合框

列表框(Listbox ▤)提供用户选项功能,控件本身显示一系列表项,用户可从中选择一项或多项,一个窗口显示不下时自动加滚动条。组合框(Combobox ▤)是文本框和列表框的组合,用户可在文本框中输入信息,也可从列表框中选择表项。

列表框和组合框的功能基本相同,但外观不同,用法也有些差异。组合框占用空间小,程序运行时只显示单行文本框,并在文本框的右端带一个下拉箭头,单击下拉箭头时才弹出下拉列表,用户既可以从下拉列表中选择一个表项,也可以键入列表中没有的表项,但一次只能选择一项;列表框占用空间大,但可以一次选择多项。列表框常用在希望将输入限制在列表之内的情况;组合框用在空间较小,无法容纳列表框的地方。

(1) 主要属性

① Style

用于设定列表框和组合框的类型和行为。

• 列表框的 Style 属性有 2 个可选值:0 或 1,如图 3-9 所示。

  ➢ 标准列表框:可以从列表中单击选择一项;

  ➢ 复选列表框:可以从复选列表中通过单击使要选取的项前面打上对钩,以选取多项。

可以通过设置 Multiselect 属性来设置列表框中一次可选择的项数。有以下可选值:0-只能选一项(默认);1-可选多项;2-可选某一范围内的各项(用 Shift 键)。

• 组合框的 Style 属性有 3 个可选值:0、1、2,如图 3-10 所示。

  ➢ 下拉组合框:可输入文本,就像在文本框中输入文本一样;也可以单击组合框右侧的下拉箭头,打开下拉列表,从中选择一个表项。当选中一个表项后,该表项插入到文本框中,同时关闭下拉列表。

  ➢ 简单组合框:可输入文本,也可从标准列表框中选择表项。简单组合框的右侧没有下拉箭头,在任何时候,其列表都是显示的,列表占用的空间大小在设计时决定。如果表项超过显示的限度时,将自动加垂直滚动条。

图 3-9   列表框样式

图 3-10   组合框样式

59

➢ 下拉列表框：其样式和下拉式组合框类似，但在下拉列表框中，用户只能从列表中选择，而不能键入新的项目。

② Listcount

指示列表框或组合框中表项的数目，该属性只能在程序中读取，其值不能直接修改。

③ List

列表框或组合框中一系列表项可视为一个字符串数组，每个表项是其一元素，List 则表示这个数组。设计时可通过该属性向列表框或组合框中添加表项，运行时可用"对象名.List(Index)"来读取其表项。List 数组的下标从 0 开始，即第一项的序号(Index 值)为 0，第 2 项为 1，…，最后一项为 Listcount－1。

例如，在图 3-9 所示的列表框 List1 中，List1.List(0)表示"北京"这个表项，"北京"是 List 数组的第一个元素，其下标是 0；List1.List(1)表示表项"上海"。

④ Listindex

指示列表框或组合框中被选中表项的序号(索引值)，若没有项被选中，作该属性值为－1。设计时不可用。

例如，在图 3-9 所示的列表框 List1(Styel＝0)中，由于目前选中的表项是"北京"，所以 List1.Listindex 的值为 0。在程序中要读取所选中的表项，可用 List1.List(List1.Listindex)。

⑤ Text

指示列表框中最后一次选中的表项文本，或在组合框的编辑域中输入或显示的文本。

例如，在图 3-9 所示的列表框 List1(Styel＝1)中，List.Text 表示"浙江"这个表项的文本。

⑥ Sorted

用于设置列表框或组合框中表项是否排序。值为 True 则按字母顺序显示，值为 False 则按照各项加入的顺序显示。

⑦ Selected

该属性是列表框特有的属性，是一个逻辑数组，其元素对应列表框中相应的项，表示对应的项在程序运行期间是否被选中。例如，Selected(0)的值为 True 表示第一个表项被选中，为 False 表示第一个表项不被选中。该属性只能在程序运行时设置或引用。

（2）常用方法

① Additem

在列表框或组合框中加入表项。语法格式：

对象名.Additem 表项文本 [,Index]

指定 Index 时，将新表项加入到指定位置；否则加入到排序位置(Sorted 为 True 时)或尾部。例如，

```
List1.Additem Inda        '把表项 Inda 追加到列表框 List1 的表项列表的尾部
```

② Removeitem

从列表框或组合框的列表中删除一个表项文本。语法格式：

对象名.Removeitem Index

例如，

Combo1.Removeitem 0   '删除组合框 Combo1 的第一个表项

③ Clear

删除列表框中所有表项。

(3) 列表框和组合框的使用方式

① 可用 Additem 和 Removeitem 增加或删除列表框或组合框中的表项，可通过设置 List 和 Listindex 属性来访问列表中各个表项。

② 初始化列表的工作一般放在 Form_Load()事件过程中，也可在设计阶段从属性窗口完成。单项的添加和删除可在适当的事件过程中使用 Additem 和 Removeitem 这两个方法。

③ 列表框和组合框也支持 Click、Dblclick 等事件，但一般不在它们本身的事件过程中编写代码，而是在其他的事件过程(如 Command_Click)中读取其属性值。

④ 列表框与组合框比较：列表框占有界面空间大，可同时选多项；组合框占用界面空间小，只能选一项，可编辑，可输入选择列表中没有的表项。

实例 3-2　统计采购电脑的配置要求清单程序设计。

当"计算机"和"操作系统"未被选定时，它们所在的框架的其他控件不能使用，如图 3-11 所示。组合框自身能够添加一个新的选项，供下次选择。如果单击"OK"按钮(Command1)，则在列表框(List1)中显示用户所选择的配置，如图 3-12 所示。

图 3-11　选择配置界面

图 3-12　生成清单

① 建立用户界面,如图 3-13 所示。

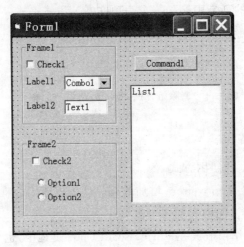

图 3-13　选择电脑配置界面框架

② 设置控件属性,如表 3-2 所示。

表 3-2　电脑配置的属性设置

默认控件名	标题(Caption)	列表(List)	文本(Text)
Form1	请选择配置		
Frame1	空白		
Frame2	空白		
Check1	计算机		
Check2	操作系统		
Label1	品牌:		
Label2	数量:		
Option1	Windows 2000		
Option2	Windows XP		
List1		空白	
Combo1		联想 方正	
Text1			空白
Command1	OK		

③ 编写事件过程代码。

```
Private Sub Check1_Click()
        '当未选择"计算机"复选框时,"品牌"组合框、"数量"输入框不可用
    Combo1.Enabled=Not Combo1.Enabled
```

```
    Text1.Enabled=Not Text1.Enabled
End Sub

Private Sub Check2_Click()        '当未选择"操作系统"复选框时,其内的两个单选按钮不可用
    Option1.Enabled=Not Option1.Enabled
    Option2.Enabled=Not Option2.Enabled
End Sub

Private Sub Combo1_Lostfocus()
            '当焦点离开组合框时组合框的 Lostfocus 事件被触发,利用该事件过程将用户输入
            的计算机品牌添加到组合框中。添加到组合框的新项目不能永久保存,下次运行该
            程序中看不到上次保存的项目
Flag=False
For I=0 To Combo1.Listcount-1
If Combo1.List(I)=Combo1.Text Then
    Flag=True
    Exit For
End If
Next
If Not Flag Then        '当 flag 为 False 时将用户输入的计算机品牌添加到组合框 Combo1 中
    Combo1.Additem Combo1.Text
End If
End Sub

Private Sub Command1_Click()
        '当单击"OK"按钮时,将"计算机"和"操作系统"中的设置项都在列表框 List1 中显示出来
If Check1.Value=1 Then
    List1.Additem Combo1
    List1.Additem Text1
End If
If Check2.Value=1 Then
    If Option1 Then
        List1.Additem "Windows 2000"
    Else
        List1.Additem "Windows XP"
    End If
End If
List1.Additem "----------"                    '插入分隔线
End Sub

Private Sub Form_Load()
Combo1.Enabled=False
Text1.Enabled=False
Option1.Enabled=False
Option2.Enabled=False
End Sub
```

3.3.4　时钟控件

时钟控件(Timer )是一种按一定时间间隔自动触发事件的控件,它独立于用户,应用于程序中在规定的时间间隔内,有规律地执行某种操作。

Timer 控件适合于希望程序周期性地发生某种动作,或后台处理等情况。常用来检测系统时间,判断是否该执行某项任务。

(1) 时钟控件的主要属性

① Interval

时钟控件除了具有一般的属性外,其最重要的属性是 Interval。该属性用于设置或返回 Timer 事件发生的时间间隔,单位为毫秒。这个间间隔的范围从 0～64 767 毫秒,当设置为 0(默认)时,为禁止 Timer 事件的发生;设置为 1～60 时,时间间隔大约均为 60 毫秒。

② Enabled

该属性决定时钟控件是否对其 Interval 属性作出响应。当设置为 False 时,关闭 Timer 控件;当设置为 True 时则打开它,以设定的 Interval 属性值向下计时。

(2) 时钟控件的主要事件

时钟控件最常用的事件是 Timer 事件,在 Interval 属性为 True 时,每隔一个 Interval 时间间隔引发一次,并显示该项是否被选中。多个单选按钮组成一个选项组,以控制能够关闭、打开的选项。一个选项组中的单选按钮是相互关联的。单选按钮一般用于一项操作有多种状态的情况,此时本项操作有多个选项可供选择,但只能选择其中的一项。

时钟控件在设计阶段显示为一个闹钟图标,不能改变大小,运行期间不可见,但可以根据设定的时间间隔,引发其 Timer 事件,所以当已为 Timer 事件编写了事件过程时,就会有规律地执行指定的动作。

实例 3-3　闹钟。

界面如图 3-14 所示。程序运行时在一个标签中显示当前系统时间,每隔一秒钟刷新一次。

分析:要实现题目的要求,我们可在窗体中放一个计时器控件,使每隔一秒钟引发一次其 Timer 事件,在其 Timer 事件过程中加入显示当前时间的代码;用一个标签显示当前时间;当在两个文本框中输入一个时数和一个分钟数,再单击【设置定时】按钮后,当前时间与输入的时间匹配时,立即响铃;单击【铃声停止】按钮后,停止铃声。

图 3-14　闹钟

属性设置如表 3-3 所示。

表 3-3　闹钟的属性设置

默 认 名 称	Name	Caption	Interval	Text
Form1	Frmclock	闹钟		
Label1	Lblclock	(空)		
Text1	Txthour			(空)
Text2	Txtminute			(空)
Timer1	Tmrclock		1000	
Command1	Cmdset	设置定时		
Command2	Cmdstop	铃声停止		
Command3	Cmdend	结束		

编写事件过程代码：

```
Dim Hour, Minute                    '定义窗体级变量
Sub Cmdset_Click()                  '当设置定时时,将输入的定时时间转换为统一的格式
    Hour=Format(Txthour.Text, "00")
    Minute=Format(Txtminute.Text, "00")
End Sub
Sub Tmrclock_Timer()
    Lblblock.Caption=Time$()         '在 Lblblock 上显示系统当前的时间
    If Mid$(Time$, 1, 5)=Hour & ":" & Minute Then
                                     '判断系统时间是否等于所设置的定时时间
        For I=1 To 100
            Beep
        Next I
    End If
End Sub
Sub Cmdstop_Click()
    Hour="**"
    Minute="**"
End Sub
Sub Cmdend_Click()
    End
End Sub
```

3.3.5　图片框和图像框

图片框(Picture)和图像框(Image)均可用来显示图形,包括位图、图标、图元文件、增强型图元文件、JPEG 或 GIF 格式的图形文件等。图片框适用于动态环境下装入图片文件等信息;图像框适合在静态环境下装入不再需修改的图形信息。图片框包括的属性、方法和识别的事件都远远多于图像框,因而使用更灵活,更能充分利用 Windows 资源;图像框使用的系统资源少,而且重新绘图的速度快,可以伸展或压缩图片的大小,以使之适应

图像框的大小。图片框也常用于其他控件的容器或作为图像输出的显示窗口。图片框支持 Visual Basic 6.0 的图形方法。

（1）图片框和图像框的主要属性

① Picture

这是图像框和图片框控件最重要的属性,用于设置其上显示的图形。可使用多种方法在图像框或图片框上装入图形:

- 在程序设计阶段,从属性窗口中通过【装入图片】对话框实现。
- 在程序设计阶段,从图像编辑器中使用 Windows 剪贴板粘贴图像到控件中。
- 程序运行阶段,通过代码读取其他控件的 Picture 属性为本控件的 Picture 赋值。例如,

```
Picture1.Picture=Picture2.Picture
```

- 程序运行阶段,通过代码使用 LoadPicture 函数为控件的 Picture 属性赋值。例如,

```
Picture1.Picture=LoadPicture("C:\My DocuMents\MyPicture.bmp")
```

② Autosize

图片框专有,用于设置控件的大小是否自动调整,以完整显示装入的图片。值为 True 时,自动调整大小,以显示装入的整个图片;值为 False 时,保持控件大小,装入的图片超出部分截除。

③ Stretch

图像框专有,用于设置图像框中装入的图片是否自动调整大小以适应图像框控件的大小。值为 True 时,装入的图片自动伸缩,以充满整个图像框,即图片适应图像框;值为 False 时,图像框自动调整大小,以显示装入的整个图片,即图像框适应图片。

（2）图片框和图像框的主要事件

图片框和图像框都支持 Click 事件。

实例 3-4 演示图片框与图像框内图形的加载方法。

观看图片框的 AutoSize 属性与图像框的 Stretch 属性对加载的图形的影响。界面设计如图 3-15 所示。

图 3-15 图片框与图像框的界面设计

分析：在窗体内放置 1 个图片框、1 个图像框和 2 个复选框，如图 3-16 所示。为了能观察到图像框的范围，将图像框的 BorderStyle 属性设置为 1。

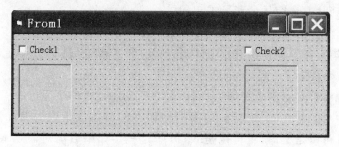

图 3-16　图片框与图像框的控件框架

程序开始时，在 Form_Load 事件中使用 LoadPicture 方法将图形装入图片框，再将图片框中的图片赋予图像框的 Picture 属性。程序代码如下：

```
Private Sub Form_Load()
Picture1.Picture = LoadPicture("C:\Documents and Settings\Administrator\My
Documents\6.jpg")                     '加载图片 6.jpg 到 Picture1 中
Image1.Picture =Picture1.Picture      '设置 Image1 的图片与 Picture1 的图片相同
End Sub


Private Sub Check1_Click()            '设置 Picture1 的 AutoSize 属性
Picture1.Height=1445: Picture1.Width=1455
Picture1.AutoSize=Check1.Value
End Sub


Private Sub Check2_Click()            '设置 Image1 的 Stretch 属性
Image1.Height=1445: Image1.Width=1455
Image1.Stretch=Check2.Value
End Sub
```

3.3.6　多重窗体

多重窗体是指一个应用程序中有多个并列的普通窗体，每个窗体可以有自己的界面和程序代码，完成不同的功能。

当一个程序中需要多个界面时，如输入数据窗体及某些对话框等，则需要用到多个窗体，称为多重窗体。

（1）添加窗体

用户可以通过单击【工程】|【添加窗体】命令或单击工具条上的【添加窗体】按钮来打开【添加窗体】对话框，选择【新建】选项卡新建一个窗体；选择【现存】选项卡把一个属于其他工程的窗体添加到当前工程中，这是因为每一个窗体都是以独立的 FRM 文件保存的。

但当添加一个已有的窗体到当前工程时，有两个问题要注意：

① 该工程内的每个窗体的 Name 属性不能相同,否则不能将现存的窗体添加进来。

② 在该工程内添加进来的现存窗体实际上在多个工程中共享,因此,对该窗体所做的改变,会影响到共享该窗体的所有工程。

在拥有多个窗体的程序中,要有一个开始窗体。系统默认窗体名为 Form1 的窗体为开始窗体,如要指定其他窗体为开始窗体时,应使用"工程"|"属性"命令。

（2）设置启动对象

一个应用程序若具有多个窗体,它们都是并列关系。在程序运行过程中,首先执行的对象被称为启动对象。在默认情况下,第一个创建的窗体被指定为启动对象,即启动窗体。启动对象既可以是窗体,也可以是 Main 子过程。如果启动对象是 Main 子过程,则程序启动时不加载任何窗体,以后由该过程根据不同情况决定是否加载或加载哪一个窗体。

如果要设置 Main 子过程为启动对象,则就应在工程属性对话框的"启动对象"下拉列表框中选择"Sub Main"。

需要注意的是,Main 子过程必须放在标准模块中,绝对不能放在窗体模块内。

（3）有关窗体的语句、方法

当一个窗体要显示在屏幕之前,该窗体必须先"建立",接着被装入内存（Load）,最后显示（Show）在屏幕上。同样,当窗体暂时不需要时,可以从屏幕上隐藏（Hide）,直至从内存中删除（Unload）。

下面是有关窗体的语句和方法:

① Load 语句

该语句把一个窗体装入内存。执行 Load 语句后,可以引用窗体中的控件及各种属性,但此时窗体没有显示出来。用 Load 语句装入窗体,其形式如下:

```
Load   窗体名称
```

在首次用 Load 语句将窗体调入内存时依次发生 Initialize 和 Load 事件。

② Unload 语句

该语句与 Load 语句的功能相反,它从内存中删除指定的窗体。其形式如下:

```
Unload   窗体名称
```

Unload 的一种常见用法是 Unload Me,其意义是关闭窗体自己。在这里,关键字 Me 代表 Unload Me 语句所在窗体。

在用 Unload Me 语句将窗体从内存中卸载时,依次发生 Queryunload 和 Unload 事件。

③ Show 方法

该方法用来显示一个窗体,它兼有加载和显示窗体两种功能。也就是说,在执行 Show 时,如果窗体不在内存中,则 Show 自动把窗体装入内存,然后再显示出来。其形式如下:

```
[窗体名称].Show[模式]
```

其中："模式"用来确定窗体的状态,有 0 和 1 两个值。若"模式"为 1,表示窗体是"模式型"(Modal),用户无法将鼠标移到其他窗体,也就是说,只有在关闭该窗体后才能对其他窗体进行操作,如 Office 软件中【帮助】菜单中的【关于】命令所打开的对话框窗口即是这种窗口。若"模式"为 0,表示窗体是"非模式型"(Modeless),可以对其他窗口进行操作,如 Office 软件【编辑】菜单中的【替换】对话框就是一个非模式型对话框的实例。"模式"的默认值为 0。

省略窗体名称时默认为当前窗体。当窗体成为活动窗口时,发生窗体的 Activate 事件。

④ Hide 方法

该方法用来将窗体暂时隐藏起来,但并没有从内存中删除。其形式如下:

[窗体名称.] Hide

省略窗体名称时默认为当前窗体。

(4) 不同窗体间数据的存取

不同窗体数据的存取分为两种情况:

① 存取控件中的属性

在当前窗体中要存取另一个窗体中某个控件的属性,表示如下:

另一个窗体名.控件名.属性

例如,设置当前窗体 Form1 中的 Text1. Text 的值为 Form2 窗体中的 Text1、Text2 两个控件的数值和,实现的语句如下:

Text1=Val(Form2.Text1)+Val(Form2.Text2)

② 存取变量的值

这时,必须规定在要存取的窗体内声明的是全局(Public)变量,表示如下:

另一个窗体名.全局变量名

为了方便起见,要在多个窗体中存取的变量一般应放在标准模块(.BAS)内声明。

3.3.7　日期时间函数和格式输出函数

内部函数按其功能可分数学函数、转换函数、字符串函数、日期时间函数和格式输出函数等。本项目学习日期时间函数和格式输出函数。

(1) 日期时间函数

常用的日期时间函数如表 3-4 所示。

注意:日期函数中的变量"C|N"表示可以是数值表达式,也可以是字符串表达式。

除了上述常用的日期函数外,还有两个函数也比较有用:

① Dateadd() 增减日期函数

用法:Dateadd(增减日期的形式,增减量,要增减的日期变量)

作用:返回一个增减后的 Date 值。增减的日期形式如表 3-5 所示。

表 3-4　日期函数

函 数 名	说　　明	示　　例	结　果
Day(C|N)	返回日期,1~31 的整数	Day(＃2006/04/12＃)	12
Month(C|N)	返回月份,1~12 的整数	Month(＃2006/04/12＃)	4
Year(C|N)	返回年份	Year(＃2006/04/12＃)	2006
Weekday()	返回星期几	Weekday(＃2006/04/12＃)	4
Time[()]	返回当前系统时间	Time()	系统时间
Date[()]	返回系统日期	Date()	系统日期
Hour(C|N)	返回小时,0~24	Hour(＃8:35:17＃)	8
Minute(C|N)	返回分钟,0~59	Minute(＃8:35:17＃)	35
Second(C|N)	返回秒,0~59	Second(＃8:35:17＃)	17
Now	返回当前系统日期和时间	Now()	系统日期与时间

表 3-5　日期形式

日期形式	Yyyy	Q	M	Y	D	W	Ww	H	N	S
意义	年	季	月	一年的天数	日	一周的天数	星期	时	分	秒

例如:

```
Dateadd("Ww", 2, #3/10/2009#)
```

该例中,函数的返回值为:2009-3-24。语句中的 2 表示在指定的日期上加 2 周。

② Datediff() 时间间隔函数

用法:Datediff(要间隔的日期形式,日期 1,日期 2)

作用:返回一个两个指定日期的相差值。

例如:要计算现在离你毕业(假定 2011 年 6 月 30 日)还有多少天? 表达式为

```
Datediff("D", Now, #2011/6/30#)
```

该例中,函数的返回值是 154,表示离毕业还有 154 天。

(2) 格式输出函数

用格式输出函数可以使数值、日期或字符串,按指定的格式输出。其格式如下:

```
Format$(表达式[,格式字符串])
```

以上语法格式各参数的说明如下:

表达式:要格式化的数值、日期和字符串类型表达式。

格式字符串:表示按其指定的格式输出表达式的值。格式字符串有三类:数值格式、日期格式和字符串格式。格式字符串要加引号。

① 数值格式化是将数值表达式的值按"格式字符串"指定的格式输出,不同参数功能说明如表 3-6 所示。

表 3-6 数值格式化格式输出功能说明

"格式字符串"参数	功 能 说 明
0	实际数字小于符号位数,数字前后加 0
#	实际数字小于符号位数,数字前后不加 0
.	加小数点
,	千分位
%	数值乘以 100,加百分号
$	在数字前强加 $
+	在数字前强加＋
－	在数字前强加－
E＋	用指数表示
E－	与 E＋相似

对于符号 0 与#,若要显示数值表达式的整数部分位数多于格式字符串的位数,按实际数值显示,若小数部分的位数多于格式字符串的位数,按四舍五入显示。

实例 3-5 使用 Format 函数进行数值格式化。

```
Format(1234.567,"00000.0000")=01234.5670
Format(1234.567,"000.00")=1234.57
Format(1234.567,"#####.####")=1234.567
Format(1234.567,"###.##")=1234.57
Format(1234,"0000.00")=1234.00
Format(1234.567,"##,##0.0000")=1,234.5670
Format(1234.567,"####.##% ")=123456.7%
Format(1234.567,"$ ###.##")=$ 1234.57
Format(-124.567,"+###.##")=+-1234.57
Format(1234.567,"-###.##")=-1234.57
Format(0.1234,"0.00E+00")=1.23E-01
Format(1234.567,".00E-00")=.12E04
```

② 日期和时间格式化是将日期类型表达式的值或数值表达式的值以日期、时间的序数值按"格式字符串"指定的格式输出,不同参数功能说明如表 3-7 所示。

实例 3-6 利用 Format()函数显示有关日期和时间格式。

在窗体标题栏显示"Format 函数",窗体的图标改为时钟(文件名 Clock05.Ico)。运行结果如图 3-17 所示。

分析:当单击窗体时,通过使用 Format()函数,以不同的格式显示系统当前日期和时间。

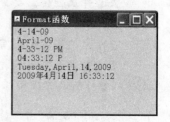

图 3-17 日期和时间格式

表 3-7　日期和时间格式化格式输出功能说明

D	显示日期(1～31)，个位前不加 0
Dd	显示日期(01～31)，个位前加 0
Ddd	显示星期缩写(Sun～Sat)
Dddd	显示星期全名(Sunday～Saturday)
Ddddd	显示完整日期(日、月、年)，默认格式为 Mm/Dd/Yy
W	星期为数字(1～7,1 是星期日)
Ww	一年中的星期数(1～53)
M	显示月份(1～12)，个位前不加 0
Mm	显示月份(01～12)，个位前加 0
Mmm	显示月份缩写(Jan～Dec)
Mmmm	显示月份全名(January～December)
Y	显示一年中的天(1～366)
Yy	两位数显示年份(00～99)
Yyyy	四位数显示年份(0100～9999)
Q	季度数(1～4)
H	显示小时(0～23)，个位前不加 0
Hh	显示小时(00～23)，个位前加 0
M	在 H 后显示分(0～59)，个位前不加 0
Mm	在 H 后显示分(00～59)，个位前加 0
S	显示秒(0～59)，个位前不加 0
Ss	显示秒(00～59)，个位前加 0
Tttt	显示完整时间(小时、分和秒)，默认格式为 Hh:Mm:Ss
AM/PM Am/Pm	12 小时的时钟，中午前 AM 或 Am，中午后 PM 或 Pm
A/P a/p	12 小时的时钟，中午前 A 或 a，中午后 P 或 p

- 建立用户界面。本例在窗体 Form1 上不需要添加其他控件。
- 设置控件属性值。要更改窗体的图标，只需修改 Form1 的 Icon 属性，从【加载图标】对话框中找到文件 Clock05.Ico 即可。
- 选择对象的事件和编写事件过程代码。根据本例分析，只要单击窗体，就在窗体上显示日期和时间的相关格式，所以对 Form 的 Click 事件编写代码。

在代码窗口的过程体如下：

```
Private Sub Form_Click()
Dim Mytime As Date, Mydate As Date
```

```
        Fontsize=16
        Mytime=Time           '系统当前日期和时间
        Mydate=Date           '系统当前日期
        Print Tab(2); Format(Mydate, "M/D/Yy")
        Print Tab(2); Format(Mydate, "Mmmm-Yy")
        Print Tab(2); Format(Mytime, "H-M-S AM/PM")
        Print Tab(2); Format(Mytime, "Hh:Mm:Ss A/P")
        Print Tab(2); Format(Mydate, "Dddd,Mmmm,Yyyy")
        Print Tab(2); Format(Now, "Yyyy年M月Dd日Hh:Mm:Ss")
End Sub
```

3.3.8　循环控制结构

循环是按照给定的条件多次重复执行一组语句。被重复执行的这组语句构成循环体。利用循环结构程序设计可使程序简化，提高效率。

Visual Basic 6.0 语言主要提供了两种循环结构的程序设计语句：For…Next 语句，Do…Loop 语句。

(1) For…Next 语句

For…Next 语句一般用在循环体执行次数预知的情况，其语法结构如下：

```
For 循环变量=初值 To 终值 [Step 步长]
[语句组 1]
[Exit For]
[语句组 2]
Next [循环变量]
```

提示：

- 上面语句中，For 和 Next 必须成对出现，For 和 Next 之间的所有语句称为循环体。
- 循环变量，是用做循环计数器的变量，必须为数值型。
- 步长，该参数值决定循环的执行情况，如表 3-8 所示。

当所有循环体中的语句都执行后（即执行到 Next［循环变量]时），步长的值会加到循环变量中。默认步长值为 1。

- Exit For，当执行到 Exit For 语句时，就退出循环，即将控制权转移到紧接在 Next 之后的语句。Exit For 经常在条件判断之后使用。
- 循环次数的计算公式为：

$$循环次数 = \text{INT}\left(\frac{终值-初值}{步长}+1\right)$$

73

该语句执行的过程如图 3-18 所示。

表 3-8 步长值对循环的影响

步长值	循环执行与否（即步长值不超过终值）
正数或 0	若循环变量<=终值,循环执行
负数	若循环变量>=终值,循环执行

循环变量＝初值
循环变量 <=终值
执行循环体一次
循环变量＝循环变量＋步长

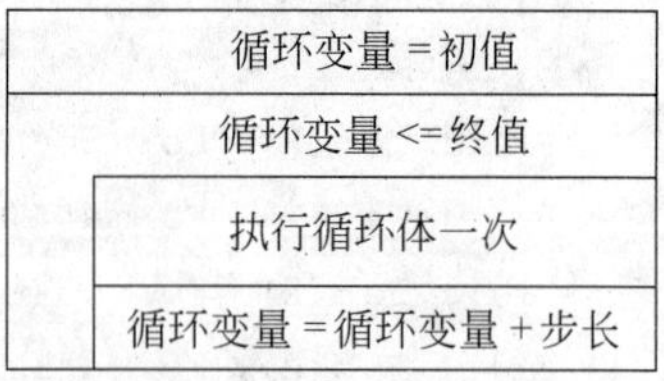

图 3-18 For...Next 执行过程

实例 3-7 求 100 到 200 之间偶数的和,当单击 Command1 时,在窗体上输出和数。

分析:本题可以有多种求解方法,列举 3 种如下。

- 根据题意,使用 For 循环语句,i 为循环变量,其值从 100 开始,按照每次增加 2,直到超过 200 为止的方式变化。计算结果存放在变量 Sum 中。

程序语句如下:

```
Private Sub Command1_ Click()
    Dim Sum As Long, i As Integer
    Sum=0
    For i=100 To 200 Step 2
                        '100 依次递增 2 直到 200,即为 100 到 200 之间的所有偶数
        Sum=Sum+i
    Next i
    Print "100 至 200 之间的偶数和="; Sum
End Sub
```

- 让循环变量 i 的值从 200 开始,按照每次减少 2 直到小于 100 为止的方式变化。计算结果存放在变量 Sum 中。此与前者效果是一样的。

```
Private Sub Command1_ Click()
    Dim Sum As Long, i As Integer
    Sum=0
    For i=200 To 100 Step -2              '200 依次递减 2 直到 100
        Sum=Sum+i
    Next i
    Print "100 至 200 之间的偶数和="; Sum
End Sub
```

- 让循环变量 i 依次取 100～200 间的每一个整数,在循环体中,判断 i 是否为偶数,若是,则将 i 加到变量 Sum 中,最终得到相同的结果。

```
Private Sub Command1_ Click()
    Dim Sum As Long, i As Integer
    Sum=0
    For i=100 To 200
        If i Mod 2=0 Then                 '如果 i 能被 2 整除则为偶数
            Sum=Sum+i
        End If
    Next i
    Print "100 至 200 之间的偶数和="; Sum
End Sub
```

实例 3-8 求 N 的阶乘。N 从键盘输入，N! 的值输出到窗体上。

分析：由阶乘的定义可知，N! $=1\times2\times3\times\cdots\times(N-2)\times(N-1)\times N$，据此，可写出如下求阶乘的程序段：

```
Private Sub Command1_Click()
    Dim Product As Double, i As Integer, N As Long
    N=Val(Inputbox("请输入 N 的值："))
    Product=1
    For i=1 To N
      Product=Product * i              '将 1 到 N 的每个数乘到变量 Product 上
    Next i
    Print N & "!="; Product'
End Sub
```

注意：

- For 语句中的循环体必须在执行有限次后退出循环。如果退出循环的条件永远得不到满足，就形成死循环。在程序设计中，必须避免死循环。
- 在求累加或连乘积时，给存放累加和或累乘积的变量赋初值的语句必须放在循环语句前，而不能放在循环体内，且赋的初值要分别为 0 和 1，如上面的例题中那样。读者可以想一下，为什么？

(2) Do…Loop 语句

用 Do…Loop 语句可以完成直到型循环，也可以完成当型循环，只是在语法格式上有所不同，希望读者能正确区分和应用。所谓当型循环，就是先判断循环条件，当条件满足就执行循环体，当条件不满足时就退出循环；所谓直到型循环，就是先执行循环体一次，再判断循环条件，当条件满足就再一次执行循环体，当条件不满足时就退出循环。若在第一次进入循环体前先判断循环条件，则将这种 Do…Loop 语句称为前测型语句；若在第一次进入循环体前不判断循环条件，这种 Do…Loop 语句就称为后测型语句。

```
【格式 1】前测型                          【格式 2】后测型
Do [While|Until 条件表达式]               Do
[语句组 1]                                [语句组 1]
[Exit Do]                                [Exit Do]
[语句组 2]                                [语句组 2]
Loop                                     Loop [While|Until 条件表达式]
```

注意：

- 【格式 1】的语句是先判断后执行，有可能一次也不执行；【格式 2】语句的特点是先执行循环体一次，后判断循环条件，循环体至少被执行一次。
- 格式 1 和格式 2 在形式上都有两种关键字：While 和 Until。
- 对于【格式 1】，当关键字为 While 时为当型循环，即当条件表达式的值为 True 时，执行循环体，当条件表达式的值为 False 时，就退出循环，执行流程如图 3-19(a)所示；当关键字为 Until 时为直到型循环，当条件表达式的值为 False 时，执行循环体,直到条件表达式的值为 True 时,就退出循环,执行流程如图 3-19(b)所示。

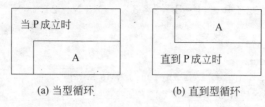

(a) 当型循环　　　　　(b) 直到型循环

图　3-19

- 对于【格式2】,当关键字为 While 时为当型循环,即当条件表达式的值为 True 时,执行循环体,当条件表达式的值为 False 时,就退出循环;执行流程与图 3-19(a)类似,区别只是循环条件要在循环体执行完后才检测;当关键字为 Until 时为直到型循环,当条件表达式的值为 False 时,执行循环体,直到条件表达式的值为 True 时,就退出循环,执行流程类似于图 3-19(b),区别只是循环条件的检测放到了循环体执行完以后。
- 两种格式中 Exit Do 语句的作用都是退出循环,一般用在选择语句中。如果 Exit Do 使用在嵌套的 Do...Loop 语句中,则 Exit Do 会将控制权转移到 Exit Do 所在位置的外层循环。
- 如果缺省 While 子句和 Until 子句,都表示满足执行循环体的条件,继续执行循环。

实例 3-9　用前测型循环语句重做上面的实例 3-7。

用当型前测型循环结构来做,程序语句如下:

```
Private Sub Command1_Click()
    Dim Sum As Long, I As Integer
    Sum=0
    I=100
    Do While I<=200
        Sum=Sum+I
        I=I+2
    Loop
    Print "100 至 200 之间的偶数和="; Sum
End Sub
```

上面的程序,也可用直到型前测型循环结构来做,效果是相同的,程序语句如下:

```
Private Sub Command1_Click()
    Dim Sum As Long, I As Integer
    Sum=0
    I=100
    Do Until Not I<=200
        Sum=Sum+I
        I=I+2
    Loop
```

```
    Print "100 至 200 之间的偶数和="; Sum
End Sub
```

（3）循环语句的嵌套

在一个循环体内又包含了一个完整的循环语句称为循环语句的嵌套。循环嵌套对于 For…Next,Do…Loop 语句都适用。

对于循环的嵌套,要注意以下 3 个问题:

① 内循环变量与外循环变量不能同名。

② 外循环必须完全包含内循环,内、外循环不能交叉。

③ 不能从循环体外转向循环体内,也不能从外循环转向内循环,反之则可以。

实例 3-10　正确使用循环嵌套。

- 以下程序段是错误的:

以下二重循环存在交叉

```
For a=1 to 100
    b=-6
    Do While b<200
    …
  Next a
  b=b+1
Loop
```

以下内外循环变量同名

```
For a=1 to 100
    For a=-6 to 200
    …
    Next a
Next a
```

- 以下程序段是正确的:

以下是并列循环

```
For a=1 to 100
    …
  Next a
  b=-6
  Do While b<200
  b=b+1
Loop
```

以下是嵌套循环

```
For a=1 to 100
  For b=-6 to 200
  …
  Next b
Next a
```

实例 3-11　打印如图 3-20 所示的九九乘法表。

分析:

- 界面设计,在窗体上面建立一个图片框 Picture1;建立一个命令按钮 Command1,标题为“打印”。

- 九九乘法表的打印分为三部分:打印表头,打印隔线,打印表体。

打印表头:表头有 9 个数字 1~9,用一重循环,循环变量 Col 初值为 1,每次加 1,直到 9,每数从 Col＊5 列位置开始打印。

图 3-20　矩形九九乘法表

打印隔线：用一重循环打印 90 个 "—"。

打印表体：表体共 9 行，所以首先考虑一个打印 9 行的算法。

```
For Row=1 To 9
    打印第 Row 行
打印换行
Next Row
```

每行有 9 个数字，所以打印第 Row 行又需要用一个循环来实现：

```
For Col=1 To 9
    Picture1. Print Tab(Col * 4); Row 行 Col 列上的数字;
Next Col
```

因此，打印表体需要二重循环。

通过上面的分析，写出完整的程序代码如下：

```
Private Sub Command1_ Click()
    Dim Row%, Col%
    For Col =1 To 9              '输出表头 1 2 3 4 5 6 7 8 9
    Picture1.Print Tab(5 * Col); Format(Col, "#");
    Next Col
    Picture1.Print
    For Col =1 To 9 *  10        '输出分隔线----------
    Picture1.Print "-";
    Next Col
    For Row=1 To 9 Step 1        '共输出 9 行
        Picture1.Print
        For Col=1 To 9 Step 1    '每一行输入 9 列
            Picture1.Print Tab(5 * Col); Format
            (Row * Col, "##");
        Next Col
    Next Row
End Sub
```

图 3-21　三角形九九乘法表

【思考】要打印如图 3-21 所示的下三角形式的九九乘法表，程序应如何修改？

3.3.9　其他辅助控制语句

(1) With 语句

语法如下：

With 对象

　[语句组]
End With

注意：With 语句可以对某个对象执行一系列的语句，而不用重复指出对象的名称。

实例 3-12　如何使用 With 语句来给 Mylabel 标签对象的几个属性赋值。

```
With Mylabel
    .Height=2000
    .Width=2000
    .Caption="This Is Mylabel"
    .Left=1600
    .Top=800
End With
```

（2）End 语句
语法格式：

```
End
```

该语句用以停止程序的执行。它可以放在过程中的任何位置关闭代码执行、关闭以 Open 语句打开的文件并清除变量。

3.4　独立实践——系统登录和权限设置

通过登录窗口，如图 3-22 所示，进入管理窗口。因管理员级别的不同，各自的管理权限也不同，低级权限有些操作不可执行，如图 3-23 所示。同时，高级管理员还可以重新设置其他管理员的管理权限，如图 3-24 所示。

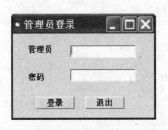

图 3-22　管理员登录

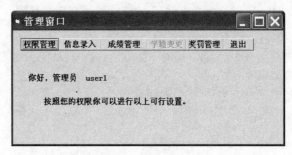

图 3-23　管理窗口

79

图 3-24 权限设置

3.5 小   结

本项目通过闹铃日历的制作，主要讲解了以下几个方面的知识：

1. 几种常用控件及其属性：单选按钮、复选框、框架、列表框、组合框、时钟控件，图片框和图像框。

2. 多重窗体的使用。

3. 日期和时间函数，格式输出函数。

4. 循环控制结构和常用辅助控制语句。

3.6 习   题

1. 填空题

通过选择组合框中的选项来改变文本框的字体。在窗体中添加一个组合框（Combo1）和一个文本框（Text1），请补充完整代码。

```
Private Sub Combo1_Click()
    Text1.FontName=Combo1.List(Combo1.ListIndex)
End Sub
Private Sub Form_Load()
    With Combo1
        .AddItem "宋体"
        .AddItem "隶书"
        .AddItem "黑体"
        .AddItem "楷体"
        .ListIndex=0
    End With
    Text1._____=30
```

```
Text1._____=Combo1.List(0)
End Sub
```

2. 选择题

（1）以下叙述正确的是（　　）。

    A. 组合框包含了列表框的功能　　　　B. 列表框包含了组合框的功能

    C. 组合框和列表框的功能完全不同　　D. 组合框和列表框的功能完全相同

（2）下列叙述中正确的是（　　）。

    A. 文本框控件可以设置滚动条

    B. InputBox 函数和 MsgBox 函数一样，返回的是字符串

    C. ListBox 控件和 ComboBox 控件一样，都只能选择一项

    D. VB 6.0 使用 Delete 来删除磁盘上的文件

（3）关于复选框和单选按钮的比较中正确的是（　　）。

    A. 复选框和单选按钮都只能在多个选择项中选定一项

    B. 复选框和单选按钮的值（value）都是（True/False）

    C. 单选按钮和复选框都响应 DblClick 事件

    D. 要使复选框不可用，可设置 Enabled 属性（False）和 value 属性（Grayed）

（4）在窗体中添加一个文本框（其中 Name 属性为 Text1），然后编写如下代码：

```
Private Sub Form_Load()
    Text1.Text=""
    Text1.SetFocus
    For i=1 To 10
      Sum=Sum+i
    Next i
    Text1.Text=Sum
End Sub
```

上述程序运行后，单击窗体，则运行的结果（　　）。

    A. 在文本框 Text1 中输出 55　　　　B. 在文本框 Text1 中输出 0

    C. 出错　　　　　　　　　　　　　　D. 在文本框 Text1 中输出不定值

（5）在窗体中添加一个名称为 Command1 的命令按钮，然后编写如下代码：

```
Private Sub Command1_Click()
    x=0
    Do Until x=-1
        a=InputBox("请输入 A 的值")
        a=Val(a)
        b=InputBox("请输入 B 的值")
        b=Val(b)
        x=InputBox("请输入 X 的值")
        x=Val(x)
        a=a+b+x
    Loop
```

```
        Print a
    End Sub
```

程序运行后,单击命令按钮,依次在输入对话框中输入(<CR>表示回车键):

1<CR>2<CR>3<CR>4<CR>5<CR>-1<CR>

则输出结果为(　　)。

A. 8　　　　　　　　B. 9　　　　　　　　C. 14　　　　　　　　D. 15

3. 上机题

(1) 随机产生 n 个两位正整数(n 由输入对话框输入,且 $n>0$),求出其中的偶数之和,并在标签框 Label1 上显示。

注:程序写在命令按钮 Command1 的 Click 事件中。

(2) 设计程序解决搬砖问题:36 块砖,36 人搬,男的搬 4 块,女的搬 3 块,2 个小孩抬 1 块,要求一次全部搬完,问需男、女、小孩各多少人?

(3) 编写程序,用计时器按秒计时。在窗体上画一个计时器控件和一个标签,程序运行后,在标签内显示经过的秒数并响铃。

项目4 拼图游戏

本项目学习目标
- 掌握数组的声明,熟练的对数组元素进行赋值和访问
- 掌握控件数组的定义和使用
- 掌握自定义过程和自定义函数

存取一个数据,通常是通过定义一个变量来实现。然而在实际应用中经常要处理同一性质的成批数据,有效地办法是通过数组来解决。在应用程序的编写中,有时问题比较复杂,按照结构化程序设计的原则,可把问题逐步细化,分成若干个功能模块,通过 VB 6.0 提供的自定义过程将功能模块定义成一个个过程,供事件过程多次调用。本项目将通过一个拼图游戏的设计过程,学习使用数组和自定义过程。

4.1 项 目 分 析

拼图游戏是老少皆宜的游戏,它是一种简易的程序,尤其是使用 Visual Basic 6.0 来设计时,读者可以很轻松地完成。拼图游戏界面如图 4-1 所示。

图 4-1 拼图游戏界面

VB 6.0 中有很多与图形有关的控件,最常见的就是前面学习的 PictureBox 和 Image 控件,在这一项目中仍将用到。我们将图片预先均分割成若干小图片,每一张小图片放入一个 Image 控件中,并且只留一个空白 Image 控制。单击"开始"按钮后,程序随机排列九张图片,游戏者单击与空白图片相邻的图片,可以交换该图片与空白图片的位置。游戏者需要开动脑筋,移动并重新排列九张图片的位置,直至恢复出开局前所示的排列顺序为赢。

在这个程序中有几处关键问题需要解决。首先,如何将完整的图片均分? 本项目中我们将学习一个新的控件 PictureClip,它可以很轻松地将完整的图片均分成设计者所需要的份数,同时将每一小图片放入相应的 Image 控件中,每一个 Image 控件的属性、响应事件的行为都相同,我们引入控件数组进行统一设计。其次,如何完成图片位置的移动? 在这一游戏中,当单击某图片时,并不都会发生移动,只有单击的图片位于空白图片的 4 个临边时,才会发生位置的交换。因此在程序中需要判断所单击图片的上下左右是否有空白图片,如果有则发生交换,否则不作为。需要解决的最后一个问题,如何验证拼图是否成功? 玩家每移动一次图片,都要求触发验证,所以"验证"这一段程序就要在整个游戏设计代码中多次出现,因此在这一项目中,我们将使用自定义过程来减少代码的重复编写。

4.2 操 作 过 程

游戏编程在日常的程序设计中属于较综合的练习,涉及的知识点也非常多,程序也比较复杂,嵌套的程序设计代码比比皆是,这就需要有清晰的逻辑分析。另外,游戏编程的界面设计应做到美观、简洁、直观,让用户很容易就明白如何去操作。

1. 界面设计

创建如图 4-2 所示的拼图游戏窗体布局的步骤为:

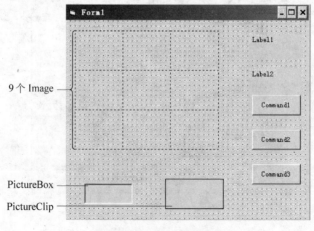

图 4-2 拼图游戏窗体布局

（1）运行 Visual Basic 6.0 后，在弹出的【新建工程】对话框中选择【标准 EXE】选项，单击【确定】按钮。

（2）选择【工程】/【部件】菜单命令，出现【部件】对话框，在【控件】选项卡中选中"Microsoft PictureClip Controls6.0"后，PictureClip 控件就会出现在工具箱中。双击 PictureClip 图标，就会在 Form1 窗体中添加一个对象。

（3）在 Form1 窗体中添加 3 个 Command 控件，2 个 Label 控件，1 个 PictureBox 控件。

（4）先在窗体中添加 1 个控件 Image1，复制该控件，然后在 Form1 窗体任意空白处粘贴，此时会弹出询问是否要建立 1 个控件数组的对话框（如图 4-3 创建数组提示对话框所示），单击"是"按

图 4-3　创建数组提示对话框

钮即可。连续粘贴操作，增加数组成员，这样窗体上就有了 Image1(0)、Image1(1)、…Image1(8) 等 9 个 Image 控件。

2. 设置对象属性

将窗体中各对象的属性按表 4-1 加以设置。

表 4-1　拼图游戏控件属性设置

对　象	属　性	属　性　值
Form1	Caption	拼图游戏
	BackColor	&H00E0E0E0&
Label1	Caption	计步器
Label2	Caption	
Image1(0)～Image1(8)	Enabled	False
Command1	Caption	开始
	Style	1
	BackColor	&H0080FFFF&
Command2	Caption	重新开始
	Style	1
	BackColor	&H0080FFFF&
Command3	Caption	退出
	Style	1
	BackColor	&H0080FFFF&
PictureClip1	Cols	3
	Rows	3
	Picture	ex4-1.jpg

提示：将所要分割的图片加载到 PictureClip 控件的 Picture 属性中，加载图片的方法与前面学习的 PictureBox 控件的图片加载方法一样，但要注意图片的路径问题（见项目3）。然后修改 Cols 和 Rows 属性值分别为3，即可将图片分割成3行3列共9个单元。

3. 代码实现

① 在"通用声明"定义窗体/模块级变量和数组。

```
Dim i As Integer
Dim j As Integer                        '定义循环变量
Dim step As Integer                     '计算步数
Dim x(8) As Integer                     '定义1个数组,用来存放随机编号
```

② 三个 Command 按钮的功能实现如下：

```
Private Sub Command1_Click()
    Init                                '初始化游戏,自定义过程调用
    Command1.Enabled=False              '使开始按钮失效
End Sub
Private Sub Command2_Click()
    Command1_Click                      '事件过程调用
End Sub
Private Sub Command3_Click()
    End
End Sub
```

③ 程序加载后，对用户界面进行初始化。代码如下：

```
Private Sub Form_Load()
    Dim a!, b!                                  '定义变量存放小图片的高和宽
    Picture1.Picture=PictureClip1.Picture
    a=PictureClip1.Picture.Height/3/1.764       '除以1.764调节误差
    b=PictureClip1.Picture.Width/3/1.764
    For i=0 To 8                                '初始化9个Image控件的大小及其在窗体的位置
      Image1(i).Height=a
      Image1(i).Width=b
      Select Case i\3
        Case 0: If i Mod 3<>0 Then Image1(i).Left=Image1(i-1).Left+b
        Case 1, 2: Image1(i).Top=Image1(i-3).Top+a
          If i Mod 3<>0 Then Image1(i).Left=Image1(i-1).Left+b
      End Select                               '调整9个Image控件的排列
    Next i
    Randomize
End Sub
```

④ init 和 win 是两个用户自定义过程，分别完成游戏初始化和检验拼图是否成功的功能。由于这部分代码在程序中多次使用，故使用自定义过程实现，以减少代码的重复输入。

```
    Sub init()                                  '初始化游戏子程序
```

```
    For i=0 To 7                          '随机产生不重复的 8 个编号(从 0 到 7)
      a0: x(i)=Int(Rnd*8)
      For j=0 To i-1
        If x(i)=x(j) Then GoTo a0
      Next j
    Next i
    For i=0 To 7
      Image1(i).Enabled=True            '让图片划分出的 8 个单元分别赋予 8 个 Image 控件
      Image1(x(i)).Picture=PictureClip1.GraphicCell(i)
    Next i
    Image1(8).Picture=LoadPicture("")    '空位用于移动图片
    Image1(8).Enabled=True
End Sub
Sub win()                                '测试是否拼图成功的子程序
    Dim num As Integer
    step=step+1                          '步数加 1
    Label2.Caption=step
    For i=0 To 8                          '判断图块是否全部就位
      If Image1(i).Picture=PictureClip1.GraphicCell(i) Then num=num+1
    Next i
    If num=8 Then MsgBox "你真棒!"        '拼图成功
    For i=0 To 8
      Image1(i).Enabled=False            '使之不响应鼠标事件
    Next i
    Command1.Enabled=True                '恢复命令按钮
End Sub
```

⑤ 每次单击一个单元图片(除空白单元外),都将触发 Image1_Click 事件,判断其邻边是否有空白单元,如果有则发生移动。

```
Private Sub Image1_Click(Index As Integer)   '注意索引值的运用
    Select Case Index Mod 3                  '把 9 个 Image 控件分成 3 列
    Case 0                                   '当鼠标点击第 1 列时
      If Image1(Index+1).Picture=LoadPicture("") Then    '判断右边是否为空
        Image1(Index+1).Picture=Image1(Index).Picture    '交换图片
        Image1(Index).Picture=LoadPicture("")
        win                                  '测试是否拼图成功
      End If
    Case 1                                   '当鼠标单击第 2 列时
      If Image1(Index-1).Picture=LoadPicture("") Then    '判断左边是否为空
        Image1(Index-1).Picture=Image1(Index).Picture
        Image1(Index).Picture=LoadPicture("")
        win
      End If
      If Image1(Index+1).Picture=LoadPicture("") Then    '判断右边是否为空
        Image1(Index+1).Picture=Image1(Index).Picture
        Image1(Index).Picture=LoadPicture("")
        win
      End If
    Case 2                                   '当鼠标单击第 3 列时
```

87

```
        If Image1(Index-1).Picture=LoadPicture("") Then      '判断左边是否为空
            Image1(Index-1).Picture=Image1(Index).Picture
            Image1(Index).Picture=LoadPicture("")
            win
        End If
    End Select
    Select Case Index\3                               '把 9 个 Image 控件分成 3 行
        Case 0
            If Image1(Index+3).Picture=LoadPicture("") Then   '判断下边是否为空
                Image1(Index+3).Picture=Image1(Index).Picture
                Image1(Index)..Picture=LoadPicture("")
                win
            End If
        Case 1
            If Image1(Index-3).Picture=LoadPicture("") Then   '判断上边是否为空
                Image1(Index-3).Picture=Image1(Index).Picture
                Image1(Index).Picture=LoadPicture("")
                win
            End If
            If Image1(Index+3).Picture=LoadPicture("") Then   '判断下边是否为空
                Image1(Index+3).Picture=Image1(Index).Picture
                Image1(Index).Picture=LoadPicture("")
                win
            End If
        Case 2
            If Image1(Index-3).Picture=LoadPicture("") Then   '判断上边是否为空
                Image1(Index-3).Picture=Image1(Index).Picture
                Image1(Index).Picture=LoadPicture("")
                win
            End If
    End Select
End Sub
```

4.3　相 关 知 识

从上述案例可以看出，当要处理一批相同性质的数据时，使用单个变量意味着要编写大量的重复代码；而使用数组，并和循环相结合，编写出的程序将魅力无穷。

4.3.1　数组的概念

下面我们将介绍几个与数组有关的基本概念。

（1）数组与数组元素

数组是用相同名字保存的一系列数据的集合，是内存中相同数据类型连续存储单元的集合。数组中每一个逻辑有序的单元称作"数组元素"，每一个数组元素由一个唯一的下标来表示其在数组中的逻辑顺序。

设数组 A 包含 5 个数组元素,分别用 A(0),A(1),A(2),A(3),A(4)表示,括号中包含的数字为下标,可用图 4-4 来表示。

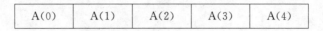

| A(0) | A(1) | A(2) | A(3) | A(4) |

图 4-4　数组 A 的存储表示

当要引用数组中的数据时,既可以将数组作为一个整体用数组名来引用,也可以用下标变量来引用数组中的某一个具体的数组元素。

注意:

* 数组的命名与简单变量的命名规则相同。
* 下标可以是常数、变量或表达式。下标还可以是数组元素,如 B(A(3)),若 A(3)=2,则 B(A(3))就是 B(2)。
* 数组的大小即该数组包含元素的个数。
* 下标的最大值和最小值分别称为数组的上界和下界。数组的元素在上下界内是连续的。由于对每一个下标值都分配空间,所以声明数组的大小要适当。

(2) 数组的维数

数组的维数指的是数组中表示数组元素的下标个数。如果数组中的数组元素只有一个下标,则这个数组就是一维数组,如图 4-4 所示的数组 A 就是一个一维数组。

如果数组中的数组元素有两个下标,则这个数组被称为二维数组,二维数组的下标之间用逗号分隔。如图 4-5 所示是一个二维数组 B 的示意图,这个二维数组由 3 行 4 列组成。

B(0, 0)	B(0, 1)	B(0, 2)	B(0, 3)
B(1, 0)	B(1, 1)	B(1, 2)	B(1, 3)
B(2, 0)	B(2, 1)	B(2, 2)	B(2, 3)

图 4-5　二维数组 B 的示意图

虽然 VB 6.0 中可以使用多至 60 维的数组,但是在增加数组的维数时,使数组元素的个数成几何级数增长,这将受到内存容量的限制。一般情况下,三维以上的数组就很少使用了,本书只介绍一维数组和二维数组。

(3) 数组的形式

根据数组元素的个数是否可以改变,将数组分为静态数组和动态数组两种类型:静态数组其数组元素个数是固定的;动态数组是在运行时大小可以改变的数组。

4.3.2　数组的声明

(1) 静态数组的声明

数组在使用前必须先声明。声明数组时,要指定数组的名称、大小、维数和数据类型。

对于静态数组,由于其数组大小已经确定,必须在声明时明确给出数组的名称、大小和维数。声明静态数组的常用格式如下:

```
Dim 数组名(<维数定义>)[ As 数据类型]
```

其中:

① 数组名遵循标准的变量命名约定。

② <维数定义>指定数组的维数以及各维的范围:

```
[<下标下界 1>To]<下标上界 1>[, [<下标下界 2>To]<下标下界 2>]...
```

数组下标上、下界可以是整型常量或常量表达式,但不能是变量或包含变量的表达式。一维数组的大小为:上界-下界+1。每一维的下标下界缺省,则默认为0。

③ As 数据类型:如果省略,与前述变量的声明一样,则默认为是变体型数组。

Dim 语句声明的数组,实际上为系统编译程序提供了几种信息,即数组名、数组类型、数组的维数和各维大小。例如:

```
Dim a(10)As Integer
```

该语句声明了一个一维数组,a 是数组名,共有 11 个元素组成,且每个元素都是整型,下标的范围为 0~10。若在程序中使用 a(11),则出现"下标越界"的错误。

```
Dim b(-2 To 4)As String
```

该语句声明了一个一维字符串类型数组,有 7 个元素,下标范围为-2~4。

```
Dim X(0 To 2, 0 To 3)As Double
```

该语句声明了一个二维双精度数组 X,共有 3×4 个元素组成,下标范围是(0,0)到(2,3),还可以写为:

```
Dim X(2,3)As Double
```

注意:在数组声明时的下标只能是常数,例如,以下数组声明是错误的。

```
n=10
Dim Larray(n)As Single
```

若在其他地方出现的数组元素的下标可以是变量,读者要加以区分。例如,c(n)=8。

技巧:有时需要下标下界从 1 开始,可以在通用声明部分使用 Option Base 1 语句实现。

```
Option Base 1
Dim A (5) As Integer
```

声明了由 5 个元素组成的一维整型数组 A,下标范围是 1~5。

(2)动态数组的声明

动态数组是在声明数组时未给出数组的大小,当要使用它时,可以在任何时候用 ReDim 语句改变大小的数组。使用动态数组的优点是灵活、方便,有助于有效管理内存。

声明动态数组格式如下：

Dim 数组名()[As 数据类型]

然后在过程中用 ReDim 语句指明该数组的大小，形式如下：

ReDim 数组名([下标下界 to] 下标上界)[As 数据类型]

其中，下标可以是常量，也可以是有了确定值的变量。

实例 4-1 动态数组的声明示例。

```
Dim myArray()As Integer
Private Sub Form_Load()
    …
    x=Val(InputBox("输入 x 的值"))
    ReDim myArray(x)
    …
    y=10
    ReDim myArray(y)
    …
End Sub
```

每次使用 ReDim 语句都会使原来数组中元素的值丢失。当然，可以在 ReDim 语句后加 Preserve 参数用来保留数组中的数据，但使用 Preserve 只能改变最后一维的大小，前面几维大小不能改变。

4.3.3　数组的应用

在声明一个数组之后，就可以使用数组。数组通常使用在对相同类型的批量数据的处理上。

（1）一维数组应用举例

实例 4-2　随机产生 10 个两位整数，找出其最大值、最小值，并求出平均值。

分析：问题可以分两部分，一个是产生 10 个随机整数；一个是求最大值、最小值和平均值。为此，需要使用数组，结合循环。

根据以上分析，建立用户界面，如图 4-6 所示。

设计步骤如下：

① 建立应用程序用户界面与设置对象属性。在窗体上添加 1 个框架 Frame1、3 个标签 Label1～

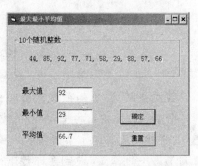

图 4-6　求最大值、最小值和平均值

Label3、3 个文本框 Text1～Text3、2 个命令按钮 Command1～Command2。激活 Frame1 后,在其中添加一个标签 Label4,并修改各控件属性,如图 4-6 所示。

② 编写代码。

考虑到要在不同的过程中使用数组,所以首先在模块的通用段声明数组。

```
Dim a(1 To 10) As Integer
```

随机整数的生成由窗体的 Load 事件完成。

```
Private Sub Form_Load()
    Dim p As String
    Randomize
    p=""
    For i=1 To 10
        a(i)=Int(Rnd * 90)+10            '随机产生数组元素
        p=p & Str(a(i)) & ","
    Next i
    Label4.Caption=LTrim(Left(p, Len(p)-1))        '去掉最左边的空格和最后一个","
End Sub
```

求最大值、最小值以及平均值由"确定"按钮 Command1 的 Click 事件完成。

```
Private Sub Command1_Click()
    Dim max As Integer, min As Integer, s As Single
    min=a(1): max=a(1): s=0            '初始化,假定最小值和最大值
    For i=2 To 10
        If a(i)>max Then max=a(i)    '如果有比 max 大的元素则将该元素值赋值给 max
        If a(i)<min Then min=a(i)    '如果有比 min 小的元素则将该元素值赋值给 min
        s=s+a(i)
    Next i
    Text1=max: Text2=min: Text3=s/10
End Sub
```

"重置"按钮作用是重新生成一组随机整数,并把 3 个文本框清空,在 Command2 的 Click 事件中完成。

```
Private Sub Command2_Click()
    Form_Load
    Text1.Text="": Text2.Text="": Text3.Text=""
End Sub
```

实例 4-3 对已知存放在数组中的 6 个数由小到大排序。

分析:在数据结构中,排序的方法有很多种,我们在这里使用冒泡法。冒泡排序的思想,是将相邻的数组元素值两两比较,次序不对就交换位置,比较一趟结束后,最小的数就冒到了第一的位置,然后再进行下一轮比较,直到排序成功。排序进行的过程如图 4-7 所示。

						原始数据	8 6 9 3 2 7
a(1)	a(2)	a(3)	a(4)	a(5)	a(6)	第 1 趟排序	2 8 6 9 3 7
	a(2)	a(3)	a(4)	a(5)	a(6)	第 2 趟排序	2 3 8 6 9 7
		a(3)	a(4)	a(5)	a(6)	第 3 趟排序	2 3 6 8 7 9
			a(4)	a(5)	a(6)	第 4 趟排序	2 3 6 7 8 9
				a(5)	a(6)	第 5 趟排序	2 3 6 7 8 9

图 4-7 冒泡法排序过程示意图

完整程序如下：

```
Option Base 1
Private Sub Command1_Click()
  Dim iA(1 To 10)
  n=6
  iA(1)=8: iA(2)=6: iA(3)=9: iA(4)=3: iA(5)=2: iA(6)=7
  For i=1 To n-1                  '进行 n-1 遍比较,对第 i 遍比较时,初始假定第 i 个元素最小
    For j=n To i+1 Step-1         '在数组 i~n 个元素中选最小元素的下标
      If iA(j)<iA(j-1) Then       '交换
        t=iA(j)
        iA(j)=iA(j-1)
        iA(j-1)=t
      End If
    Next j
  Next i
  For k=1 To n
    Print iA(k);
  Next k
End Sub
```

由以上两个例题可以看出,数组声明后,习惯上要对数组进行数据初始化,即输入要处理的数据。初始化的常用方法有以下几种：

① 利用循环,如实例 4-1 中的数组初始化。

```
For i=1 To 10
    a(i)=Int(Rnd * 90)+10
Next i
```

使用随机函数 Rnd 可以使数组元素值任意变化,这个视程序要求而定。

② 可以通过文本框控件,也可以通过 InputBox()函数输入,增加了与用户的互动性。例如：

```
For i=1 to 4
    aj(i)=InputBox("输入第" & i & "个数据")
Next i
```

③ 利用 Array( )函数。

```
Dim a As Variant
a=Array("a", "b", "c", "d")
```

利用 Array( )函数时,声明的数组 a 必须是大小可变的数组,并且其类型只能是

Variant。

（2）二维数组应用举例

实例4-4　设有一个5×5的方阵，其中元素是由计算机随机生成的1～90的整数。请求出：对角线上元素之和；对角线上元素之积；方阵中最大的元素。

分析：方阵中的元素可以用一个二维的数组表示。利用单层的循环就可以计算对角线上元素的和、积，求方阵中的最大元素则需要利用双层的循环。

建立用户界面与设置对象属性，如图4-8所示。

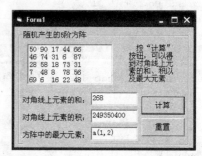

图4-8　矩阵计算

① 考虑到要在不同的过程中使用数组，所以首先在模块的通用段声明数组。

```
Option Base 1
Dim a(5, 5) As Integer
```

② 方阵的生成及界面的初始化在窗体的 Load 事件中完成。

```
Private Sub Form_Load()
    List1.Clear                              '清空列表框
    Dim p As String, i%, j%
    Randomize
    For i=1 To 5
      p=""
      For j=1 To 5
        a(i, j)=Int(Rnd * 90+1)
        p=p & Format(a(i, j), "!@@@")        '定义输出格式
      Next j
      List1.AddItem p, i-1                    '添加随机数到 List 控件
    Next i
    Text1.Text=""
    Text2.Text=""
    Text3.Text=""
End Sub
```

③ "计算"按钮的 Click 事件。

```
Private Sub Command1_Click()
  Dim i%, j%
  Dim s As Integer, t As Long, max As Integer
```

```
    s=0: t=1
    For i=1 To 5
      s=s+a(i, i)                              '对角线上元素的和
      t=t * a(i, i)                            '对角线上元素的积
    Next i
    max=a(1, 1): p=1: q=1
    For i=1 To 5
      For j=1 To 5
          If max<a(i, j) Then max=a(i, j): p=i: q=j
      Next j
    Next i
    Text1.Text=s
    Text2.Text=t
    Text3.Text="a(" & p & "," & q & ")"
End Sub
```

④"重置"按钮的 Click 事件。

```
Private Sub Command2_Click()
    Form_Load
End Sub
```

(3) 动态数组应用举例

实例 4-5 斐波那契(Fibonacci)数列问题。

Fibonacci 数列问题起源于一个古典的有关兔子繁殖的问题：假设在第 1 个月时有一对小兔子；第 2 个月成为一对大兔子；第 3 个月时成为老兔子，并生出一对小兔子(一对老,一对小)；第 4 个月时老兔子又生出一对小兔子,上个月的小兔子变成大兔子(一对老,一对大,一对小)；第 5 个月时上个月的大兔子成为老兔子,上个月的小兔子变成大兔子,两对老兔子生出两对小兔子(两对老,一对大,两对小)……

这样,每个月的兔子对数为：1,1,2,3,5,8,…

这就是 Fibonacci 数列。第 n 项的计算公式为：

$$\begin{cases} \text{Fib}(n)=1 & n=1 \\ \text{Fib}(n)=\text{Fib}(n-1)+\text{Fib}(n-2) & n\geqslant 2 \end{cases}$$

分析：使用数组使得问题的解决非常简单,主要把握好下标的规律就很容易解决。为了能与用户互动,又不至于浪费内存,所以采用动态数组。

建立用户界面与设置对象属性,如图 4-9 所示。

图 4-9 Fibonacci 数列

在模块的通用段声明一个动态数组。

```
Dim f ()
```

将程序的主要代码,编写在文本框的 KeyPress 事件中,用户输入项数后按回车键即可触发。

```
Private Sub Text1_KeyPress(KeyAscii As Integer)
  Dim n As Integer
  List1.Clear
  If KeyAscii=13 Then
    n=Val(Text1.Text)
    ReDim f(n)
    f(0)=0: f(1)=1                   '前两个元素值
    p=Format("fib(" & 1 & "):", "!@@@@@@@@@@@") & Format(f(1), "########")
    List1.AddItem p, 0
    For i=2 To n
      f(i)=f(i-1)+f(i-2)             '通式
      p=Format("fib(" & i & "):", "!@@@@@@@@@@@") & Format(f(i), "########")
      List1.AddItem p, i-1
    Next i
  End If
End Sub
```

4.3.4 控件数组

控件数组是一组具有共同名称和类型的控件。它们共享同样的事件过程。每个控件具有一个唯一的索引。在程序运行中,可以利用返回的索引值来识别事件是由哪个控件所引发的。

有了控件数组机制,使在运行中创建新控件成为可能。因为新控件不具有任何时间过程,而控件数组机制下创建的新成员继承了数组的公共事件过程。

在本项目开始的案例中,我们就已介绍了控件数组的建立方法,以及控件数组的编程特点。拼图游戏中的 9 个 Image 控件,它们的共同点就是采用的事件过程相同,以及响应事件的行为相同,在程序设计时,只需要编写一个事件过程,依据返回的索引值识别控件就可以了。拼图游戏中控件数组是在界面设计时建立的,建立方法参照前面所述,在这里就不再赘述。

那么,控件数组的建立也可以在程序运行时,这种用代码动态添加、删除控件的方法主要用于控件数组元素众多的情况,并且排列有一定规律,避免了界面设计工作复杂。

建立控件数组的步骤如下:

(1) 在窗体上先添加第一个控件,设置该控件的 Index 值为 0,表示该控件为数组。

(2) 在代码中,通过 Load 方法添加其余控件,也可通过 Unload 方法删除控件。

(3) 每个新添加的控件数组元素通过 Left 和 Top 属性,确定其在窗体的位置,并将

Visible 属性置为 True。

实例 4-6 在拼图游戏项目中向界面添加控件数组元素也可以用代码实现,在窗体上添加 9 个 Image 控件的程序如下:

```
mtop=Image1(0).Top                  '拼图顶边初值
  For i=1 To 3                      'i 为行号,j 为列号
    mleft=Image1(0).Left            '拼图左边位置
    For j=1 To 3
      k=(i-1)*3+j                   '在第 i 行第 j 列产生一个图片元素
      Load Image1(k)               '加载控件数组中的元素
      Image1(k).Visible=True       '使加载的元素可见
      Image1(k).Top=mtop
      Image1(k).Left=mleft
      mleft=mleft+Image1(0).Width
    Next j
    mtop=mtop+Image1(0).Height
  Next i
  Image1(0).Visible =False          '使用编号为 1~9 的 Image 控件
```

按照上述代码初始化界面后,其他相应程序也要进行修改才能实现拼图游戏,在这里不再赘述,请读者自行修改实现。

4.3.5 过程的定义和调用

使用"过程"是实现结构化程序设计思想的重要方法。把一个较大的程序划分为若干个模块,每个模块只完成一个或若干个功能。这些模块通过执行一系列的语句来完成一个特定的操作过程,因此被称为"过程"。用过程编程有两大优点:一方面,过程可使程序分成独立的逻辑单元,使调试程序不容易出错;另一方面,一个程序中的过程,往往不必修改或只需稍作改动,便可以为另一个程序使用。

在 VB 6.0 中,根据过程是否有返回值,分为子程序过程(Sub 过程)和函数过程(Function 过程)两种。

(1) 过程的定义

VB 6.0 的 Sub 过程分为事件过程和通用过程两大类。事件过程规定了产生某一事件时,程序完成的功能,它是 VB 6.0 应用程序的主体。有时多个不同的事件过程可能需要使用同一段程序代码,为此,可将这段代码独立出来,编写为一个共用的过程,这种过程通常称为通用过程,它独立于事件过程之外,可供其他事件过程调用。

定义事件过程的语法格式:

```
Private Sub <对象名>_<事件名>([参数 1[,参数 2],…])
    <语句组>
```

```
End Sub
```

事件过程是依附于窗体和控件上的。输入事件过程首行时，可以自己输入，但使用模板会更方便，减少错误产生。前面章节已讲过，在这里不再重复。

定义通用过程的语法格式：

```
[Private|Public][Static] Sub 过程名 ([参数 1[,参数 2],…])
    语句
    [Exit Sub]
    语句
End Sub
```

注意：

- 通用过程可以写在标准模块、类模块和窗体模块中。默认情况下，所有模块中的子过程为 Public（公用的），意味着在应用程序中可随时调用它们；如果选择 Private，则只有该过程所在的模块中的程序才能调用该过程。

- Static（静态）定义的子过程，该过程中的所有局部变量的存储空间只分配一次，并且在程序运行的过程中不释放内存，直到程序结束。若省略，子过程每次被调用时分配存储空间，当该过程结束时释放所占据的存储空间。

- [Exit Sub]可中途退出当前过程，一般配合条件语句使用。

- "参数"可选项，指明该过程使用的参数个数和逻辑顺序。参数定义类似于变量声明，只不过不使用 Dim 等变量声明的关键字，而改用 ByVal 和 ByRef 关键字。ByVal 说明该参数按值传递；ByRef 说明该参数按地址传递，是 VB 6.0 的默认选项。

- 参数表中出现的参数称为形式参数，简称形参。它并不代表一个实际存在的变量，也没有固定的值。在调用此过程时，形参被一确定的值所代替，这个值就是实际参数。

- 在一个过程内不能再定义另一个过程，即过程不能嵌套定义。

- 子过程还可以使用【添加过程】对话框建立。选择【工具】/【添加过程】命令就可以打开【添加过程】对话框，根据需要输入相应的文字后，单击【确定】按钮即可完成。

（2）过程的调用

事件过程与发生在对象上的事件相联系，事件发生即激发相应事件过程的执行。

例如，拼图游戏案例中，"重新开始"按钮的代码就是事件过程的调用。

```
Private Sub Command2_Click()
    Command1_Click                      '事件过程调用
End Sub
```

重新触发"开始"按钮的 Click 事件，减少了代码的重复输入。

通用过程的调用格式：

```
Call<过程名> ([参数 1[,参数 2],…])
```

或

<过程名>[参数 1[,参数 2],…]

其中：

① 参数列表中的参数在这里指的是实际参数,实参和形参相对应。

② 使用带有 Call 关键字的格式必须同时使用括号;若省略 Call 关键字,则过程名后不能加括号。

例如,拼图游戏案例中,多次调用 init() 和 win() 两个过程,在程序中我们使用的是第二种调用方法,即省略 Call 关键字的方法。又因为这两个过程没有参数,故在调用时直接写过程名即可,也可以把程序改为：Call init() 和 Call win()。

4.3.6 函数的定义和调用

函数与过程类似,其区别只在于函数带有一个返回值,而过程没有返回值。

函数分为标准函数和自定义函数。标准函数又称内部函数,如 Abs(),Sqr() 等。自定义函数顾名思义是由用户自己建立的。

(1) 函数的定义

自定义函数的语法格式如下：

```
[Private|Public][Static] Function 函数名([参数 1[,参数 2],…])[As<类型>]
    语句
    函数名=表达式
    [Exit Function]
    语句
    函数名=表达式
End Sub
```

注意：

- 函数的定义使用了 Function 关键字,并且由于函数有返回值,因此在函数定义的首句有了 As 类型声明的语句,这个声明是为了说明函数返回值的数据类型。
- "函数名＝表达式"确定函数的返回值。
- 与 Sub 过程一样,可以使用【添加过程】对话框来定义函数,只需在选择过程类型时,选择"函数"。

实例 4-7 计算任意整数 n 的阶乘的函数。

```
Function fact(x As Integer) As Long
    Dim p As Long, i As Integer
    p=1
    For i=1 To x
      p=p * i
    Next i
    fact=p              '返回值
End Function
```

实例 4-8 已知直角三角形两直角边，计算斜边的值。

```
Function hval(a As Integer, b As Integer) As Single
    hval=Sqr(a * a+b * b)
End Function
```

(2) 函数的调用

自定义函数的调用可以与标准函数的调用相同，即用函数名调用。

调用函数的格式：

```
变量=函数名([<实参列表>])
```

例如，调用实例 4-6 定义的函数如下：

```
Label1.Caption=hval(3,4)
```

执行调用语句后参数的传递过程如图 4-10 所示。

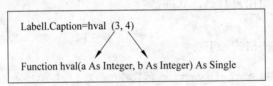

图 4-10　函数过程调用

还可以像调用 Sub 过程那样调用函数。如，

```
Call hval(3,4)
```

当用这种方法调用函数时，VB 6.0 放弃返回值。

实例 4-9 已知 $y=\mathrm{sh}(1+\mathrm{sh}x)+\mathrm{sh}2x * \mathrm{sh}3x$，编程实现输入 x 值，计算 y 值。

表达式中，$\mathrm{sh}x$ 为双曲正弦函数，其计算公式如下：

$$\mathrm{sh}(x)=\frac{\mathrm{e}^x-\mathrm{e}^{-x}}{2}$$

分析：将双曲正弦函数的公式，编写成一个函数，调用该函数即可。

```
Dim x!, y!
Private Function sh(ByVal t As Single) As Single
    sh=(Exp(t)-Exp(-t))/2
End Function
Private Sub Form_Click()
    x=Val(InputBox("请输入 x 的值", , vbOKCancel))
    y=sh(1+sh(x))+sh(2 * x) * sh(3 * x)
    Print y
End Sub
```

4.3.7 参数传递

所谓参数传递,实际调用过程时给出过程的实际参数,实际参数的值传递给形参完成计算。

在 VB 6.0 中,实参与形参的结合有两种方法:即传址(ByRef)和传值(ByVal),其中传址又称为引用,是默认的方法。

(1) 传值方式

当形参为传值参数,即形参前加上"ByVal"关键字时,VB 6.0 为形参分配新的存储空间,然后把实参中的值一一对应的复制给形参。形参作为过程中的局部变量参与过程中的运算,过程结束后这些存储空间即被释放。在过程体内,对形参的任何操作都不会影响实参的值,也就是说实参中的值在过程调用前和调用后保持不变。

(2) 传址方式

按地址传递参数时,程序不为形参开辟另外的存储空间,形参直接使用实参的地址和数值。因此,过程中对形参数据的修改都会影响实参的值,实参随着形参的改变而改变。

实例 4-10　参数传递示例,程序代码如下:

```
Dim x%, y%
Private Sub change(ByVal x As Integer, y As Integer)
    x=x+1
    y=y+1
    Print "调用过程中"; Tab(20); x, y
End Sub
Private Sub Form_Click()
    x=1: y=1
    Print Tab(20); " x", " y"
    Print "调用过程前"; Tab(20); x, y
    Call change(x, y)
    Print "调用过程后"; Tab(20); x, y
End Sub
```

图 4-11　参数传递示例

程序运行后的结果如图 4-11 所示,从图中可以看出传址和传值的不同。

4.4　独立实践——八皇后算法

在国际象棋中,两个皇后不能处于同一条直线或斜线上。编写一个程序,功能是让用户在棋盘上放置 8 个皇后,使它们彼此之间互不冲突。八皇后算法如图 4-12 所示。

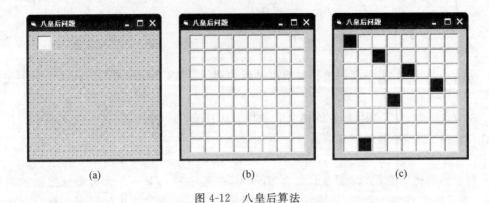

图 4-12　八皇后算法

程序说明：

① 未放置皇后的棋格用白色表示，放置了皇后的棋格用蓝色表示。

② 在设计状态建立一个白色标签 Label1(0)(BorderStyle 设为 1,BackColor 设为白色,Index 设为 0),在程序中利用它创建棋盘,参见本项目中实例 4-6。运行后的初始界面如图 4-12(b)所示。

③ 在一个放置了皇后的棋格上,单击意味着拿掉皇后。

④ 当在一个棋格上放置皇后时,程序会判断是否会与现有的皇后冲突。如果冲突,则禁止放置。

⑤ 在 Label1 控件数组的 Click 事件中编写事件过程的代码,实现③和④。

4.5　小　　结

　　数组是 VB 6.0 应用程序经常使用的数据结构,其中,固定数组在声明时给出了数组的上下界及维数,在程序运行过程中不能调整数组元素个数;动态数组在程序运行过程中能调整数组元素的个数。

　　本项目最后详细介绍了过程、函数的定义和调用方法,通过例子说明参数传递的两种方式。

4.6　习　　题

1. 填空题

(1) 声明一个一维整型数组,数组元素个数为 5 个,其声明语句应写为_____。

(2) 参数传递有两种,分别为_____和_____。

(3) 根据数组元素的个数是否可以改变,将数组分为_____和_____两种类型。

2. 选择题

(1) 下面数组声明语句中正确的是(   )。

    A. Dim A(5 6) As Integer   B. Dim A(n,n) As Integer

    C. Dim A(5,6) As Integer   D. Dim A[5,6] As Integer

(2) 要分配存放如下方阵的数据,正确且最节约存储空间的数组声明语句是(   )。

$$\begin{bmatrix} 1.1 & 2.2 & 3.3 \\ 4.4 & 5.5 & 6.6 \end{bmatrix}$$

    A. Dim a(6) As Single   B. Dim a(2,3) As Single

    C. Dim a(2 To 3,−3 To −1) As Single   D. Dim a(1,2) As Single

(3) 下列数组声明语句,正确的是(   )。

    A. Dim abc[8,8] As Integer   B. Dim abc(8,8) As Integer

    C. Dim abc(n,n) As Integer   D. Dim abc(8 8) As Integer

(4) 如下数组声明语句,则数组 a 包含元素的个数有(   )。

`Dim a(3,-1 to 1,6)`

    A. 36   B. 54   C. 11   D. 18

(5) 用下面的语句定义的数组的元素个数是(   )。

`Dim A (-3 To 5) As Integer`

    A. 6   B. 7   C. 8   D. 9

(6) 下面子过程语句合法的是(   )。

    A. Function Fun%(Fun%)   B. Sub Fun(m%) As Integer

    C. Sub Fun(ByVal m%())   D. Function Fun(ByVal m%)

(7) 要想从子过程调用后返回两个结果,下面子过程语句说明合法的是(   )。

    A. Sub Fun(ByVal m%,ByVal n%)   B. Sub Fun(m%,ByVal n%)

    C. Sub Fun(ByVal m%, n%)   D. Sub Fun(m%, n%)

3. 思考题

(1) 使用 ReDim 语句后可以改变数组的元素以及维数的数目吗?

(2) 静态数组和动态数组有何区别?在声明静态数组以及重定义动态数组时是否可以用变量表下标?

(3) 在 ReDim 语句中加了 Preserve 关键词,起什么作用?

(4) 值传递与地址传递的主要区别是什么?

(5) 如何声明一个变量,使该变量在所有的窗体中都能使用?

4. 上机题

(1) 编程实现如下功能:通过 InputBox 对话框输入的一个数插入到按递减的有序数

列中,使得插入后的数列仍有序。

（2）编程实现如下功能：建立一个 8×8 的矩阵,该矩阵的两条对角线上的元素都为 1,其余元素都为 0。

（3）在一维数组 a(m)中存放着升序排列的数值,从 InputBox 对话框中输入一个数, 然后删除数组中与该数相等的数,其他的数值自动向前补位。若数组中不存在该数,则输出"没有要删除的数"。

（4）找出二维数组 m×n 中的"鞍点"（即该点在所在行为最大,且在所在列为最小）, 输出该点的位置和值；如果没有鞍点,则输出"没有鞍点"。

（5）利用随机函数产生 20 个 10～100 之间的随机整数,利用紧凑格式打印这些数值,然后选出其中的素数并输出,最后将这些素数按升序排列并输出。要求打印和排序单独利用函数或子过程实现。

（6）统计输入的一篇英文文章中的单词数和定冠词 The 的个数,并将出现的定冠词 The 全部删除。假定单词之间以一个空格间隔（利用函数或子过程实现）。

项目 5　简易学生成绩管理器

本项目学习目标

- 自定义类型的使用
- 掌握文件的打开、关闭和读写操作
- 文件系统控件的使用

数组能够存放一组性质相同的数据,例如一批学生某门课的考试成绩。但在学生管理信息系统中,我们要对每一个学生的不同方面的信息进行管理,如学生的学号、姓名、性别、出生日期、所属班级、所属院系、籍贯等。这些信息的数据性质不同,因此需要声明若干个数组,对应存放不同数据类型的数据,这一设计对其后的各种操作带来一系列的不便。对于这种问题,可以通过 VB 6.0 提供的自定义数据类型来解决。变量的值暂存于内存,关闭应用程序时将会消失。为了保存应用程序的数据,需要将数据以文件的形式存储在磁盘中,这一过程将涉及 VB 6.0 的文件操作和管理。本项目将介绍用户自定义类型、有关数据文件的使用和文件控件,以及如何在应用程序中使用文件。

5.1　项目分析

在这一项目中我们要解决两个关键问题:第一,用何种数据类型进行数据的存取;第二,大量数据如何进行保存。首先,学生成绩管理器主要针对学生成绩的输入和不及格学生成绩的查看。每一个学生的信息不仅包含了成绩,还有学号、性别和姓名等信息,很显然这种情况如果用数组解决的话存在一个数据类型的问题,需要声明若干个数组,并且还要考虑同一个学生的信息相互关联的问题,因此使用数组会使程序复杂。在这里我们将定义一个自定义类型,用于存放每个学生的信息。其次,学生信息输入后,以文件的形式保存在磁盘中,就不会丢失,下次开机只要调出使用就可以了。在文本框中输入数据,单击“输入”按钮,数据将写入文件,然后从文件中筛选出不及格学生的成绩进行显示,这一系列操作就是对文件的读写操作。程序的用户界面如图 5-1 所示。

 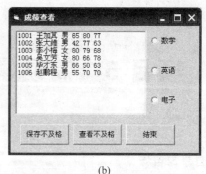

(a)   (b)

图 5-1　简易学生成绩管理器

5.2　操 作 过 程

VB 6.0 具有较强的对文件进行处理的能力,为用户提供了多种处理方法。它既可以直接读写文件,同时又提供了大量与文件管理有关的语句和函数,以及用于制作文件系统的控件。程序员在开发应用程序时,这些手段都可以使用。

1. 界面设计

该程序共有两个窗体,添加 2 个 Form 窗体后,依次进行界面的设计。

创建如图 5-1 所示界面的主要步骤如下:

(1) 向 Form1 窗体中添加 1 个 Frame 控件、6 个 Label 控件和 2 个 OptionBox 按钮,并且添加 2 个控件数组——Command 控件数组和 TextBox 控件数组,如图 5-1(a)所示排列。

(2) 选择【工程】/【添加窗体】菜单命令,在弹出对话框的【新建】选项卡中选择【窗体】选项,单击【打开】按钮,此时会在【工程资源管理器】窗口中看到生成的新窗体 Form2。

(3) 向 Form2 窗体中添加 1 个 ListBox 控件、3 个 Command 控件和 OptionBox 控件数组,如图 5-1(b)所示排列。

2. 设置对象属性

窗体中主要的对象属性设置参见表 5-1 Form1 中控件属性设置和表 5-2 Form2 中控件属性设置。

3. 代码实现

下面分别对两个窗体进行事件过程的设计。

表 5-1 Form1 中控件属性设置

对　　象	属性	属性值
Text1(0)～Text1(4)	Text	
Option1	Caption	男
	Value	True
Option2	Caption	女

表 5-2 Form2 中控件属性设置

对　　象	属性	属性值
Option1(0)	Caption	数学
Option1(1)	Caption	英语
Option1(2)	Caption	电子

（1）Form1 窗体中实现的功能

要进行文件操作时，必须先打开文件，在窗体的 Load 事件代码中打开顺序文件。

```
Private Sub Form_Load()
  Open "c:\stu.dat" For Append As #1              '打开的文件在 C 根目录下
End Sub
```

Commad 控件数组实现了学生成绩的输入、打开 Form2 窗体和程序结束功能。

```
Private Sub Command1_Click(Index As Integer)
  Select Case Index
    Case 0                                        '学生成绩写入文件
      Dim xh As String, xm As String, xb As String
      Dim sx As Integer, yy As Integer, dz As Integer
      xh=Text1(0).Text
      xm=Text1(1).Text
      xb=IIf(Option1.Value, "男", "女")
      sx=Val(Text1(2).Text)
      yy=Val(Text1(3).Text)
      dz=Val(Text1(4).Text)
      Write #1, xh, xm, xb, sx, yy, dz
      For i=0 To 4
        Text1(i).Text=""
      Next i
      Text1(0).SetFocus
    Case 1                                        '打开成绩查看窗体
      Close #1
      Form2.Show
    Case 2                                        '主窗体结束
      Close #1
      Unload Me
  End Select
End Sub
```

为了方便输入，编写文本框的事件代码，使在任一个文本框输入完毕，光标自动跳转。

```
Private Sub Text1_GotFocus(Index As Integer)
  Text1(Index).SelStart=0
  Text1(Index).SelLength=Len(Text1(Index).Text)
End Sub
Private Sub Text1_KeyPress(Index As Integer, KeyAscii As Integer)
```

107

```
    If KeyAscii=13 Then              '输入完毕按 Enter 键,光标自动转到下一个文本框
      n=Index
      k=IIf(n<4, n+1, 0)
      Text1(k).SetFocus            '每次按下 Enter 键,下一个文本框获得焦点
    End If
End Sub
```

（2）Form2 窗体中实现的功能

为了读取数据方便起见,使用自定义类型的数组存放学生数据。因此首先在窗体模块的通用段创建用户自定义类型,并声明该类型的数组。

```
Private Type sturec
  xm As String
  xh As String
  xb As String
  sx As Integer
  yy As Integer
  dz As Integer
End Type
Dim stu() As sturec                          '声明自定义类型数组
```

然后在窗体的 Load 事件代码中读入存取原始学生成绩的顺序文件 stu.dat 的数据,并打开存取不及格成绩的顺序文件 stu0.dat。

```
Private Sub Form_Load()
  Open "c:\stu.dat" For Input As #1          '打开顺序文件 stu.dat
  n=1
  i=1
  Do Until EOF(1)                            '直到搜索到文件末尾,退出循环
    ReDim Preserve stu(1 To n)
    Input #1, stu(i).xh, stu(i).xm, stu(i).xb, stu(i).sx, stu(i).yy, stu(i).dz
                                             '读取数据文件
    List1.AddItem stu(i).xh & " " & stu(i).xm & " " & stu(i).xb & _
             Str(stu(i).sx) & Str(stu(i).yy) & Str(stu(i).dz)
    n=n+1
    i=i+1
  Loop
  Close #1                                   '关闭顺序文件 stu.dat
  Open "c:\stu0.dat" For Output As #1        '打开顺序文件 stu0.dat
End Sub
```

将不及格的学生成绩保存到打开的 stu0.dat 文件中,这一功能在 Command1 的 Click 事件中实现。

```
Private Sub Command1_Click()
  Dim n%
  n=UBound(stu)
  For i=1 To n
    If stu(i).sx<60 Or stu(i).yy<60 Or stu(i).dz<60 Then
      Write #1, stu(i).xh, stu(i).xm, stu(i).xb, stu(i).sx, stu(i).yy, stu(i).dz
                                             '写入数据
```

```
      End If
    Next i
    Close #1
End Sub
```

显示所有不及格学生的信息，代码如下：

```
Private Sub Command2_Click()
    List1.Clear
    Close
    Open "c:\stu0.dat" For Input As #1                '打开顺序文件 stu0.dat
    n=1
    i=1
    Do Until EOF(1)
      ReDim Preserve stu(1 To n)
      Input #1, stu(i).xh, stu(i).xm, stu(i).xb, stu(i).sx, stu(i).yy, stu(i).dz
                                                      '读取数据文件
      List1.AddItem stu(i).xh & " " & stu(i).xm & " " & stu(i).xb & _
                  Str(stu(i).sx) & Str(stu(i).yy) & Str(stu(i).dz)
      n=n+1
      i=i+1
    Loop
    Close #1
End Sub
```

按照不同科目查看不及格学生的信息，代码如下：

```
Private Sub Option1_Click(Index As Integer)
    List1.Clear
    n=UBound(stu)
    Select Case Index
      Case 0                                          '按数学成绩查看
        For i=1 To n
          If stu(i).sx< 60 Then
            List1.AddItem stu(i).xh & " " & stu(i).xm & " " & stu(i).xb & Str(stu(i).sx)
          End If
        Next i
      Case 1                                          '按英语成绩查看
        For i=1 To n
          If stu(i).yy< 60 Then
            List1.AddItem stu(i).xh & " " & stu(i).xm & " " & stu(i).xb & Str(stu(i).yy)
          End If
        Next i
      Case 2                                          '按电子成绩查看
        For i=1 To n
          If stu(i).dz< 60 Then
            List1.AddItem stu(i).xh & " " & stu(i).xm & " " & stu(i).xb & Str(stu(i).dz)
          End If
        Next i
    End Select
End Sub
```

5.3 相 关 知 识

本项目中,根据用户自己的需要建立了一个不同于其他数据类型的新的数据类型——用户自定义数据类型,这一类型的建立,使学生信息这样的数据存储和使用更为方便和准确。

5.3.1 自定义类型

1. 自定义数据类型的定义

用 Type 关键字创建用户自定义数据类型,该语句必须置于模块的"通用声明"部分。其格式为:

```
[Private|Public] Type<自定义类型名>
  <字段名 1>As<类型名 1>
  [< 字段名 2>As<类型名 2>]
  ...
  [< 字段名 n>As<类型名 n>]
End Type
```

注意:

- <自定义类型名>是用户定义的数据类型名,而不是变量,其命名规则与变量命名规则相同。
- <字段名>是用户定义数据类型中的一个成员名。
- <类型名>可以是任何基本数据类型,也可以是用户定义数据类型。
- 自定义数据类型一般在标准模块中定义,默认是 Public。若在窗体模块中定义,必须是 Private。

实例 5-1 定义一个有关学生信息的自定义数据类型。

```
Type StudType
  No As Integer                    '学号
  Name As String * 20              '姓名
  Sex As String * 1                '性别
  Mark(1 To 4) As Single           '4 门课程成绩
  Total As Single                  '总分
End Type
```

---

2. 自定义类型变量的声明和使用

自定义类型被创建后,可以用 Dim、ReDim、Static 建立一个具有这种数据类型的变量。格式如下：

```
Dim 变量名 As 自定义类型名
```

例如，定义一个具有 StudType 类型的变量 stu，代码如下：

```
Dim stu As StudType
```

要表示自定义类型变量中的某个成员时，形式如下：

```
变量名.字段名
```

例如，给 stu 变量的"学号"字段赋值。

```
stu.No=1022
```

但若要表示每个 stu 变量中的成员，这样书写太烦琐，可利用 With 语句进行简化。

实例 5-2 对 stu 变量的各元素赋值，计算总分，并显示结果。
相关代码如下：

```
With stu
  .No=2001
  .Name="张华"
  .Sex="男"
  .Total=0
  For i=1 To 4
    .Mark(i)=Int(Rnd * 101)
    .Total=.Total+.Mark(i)
  Next i
  Print "学号为" & .No & "的总成绩是" & .Total
End With
```

3. 自定义类型数组

如果一个数组中元素的数据类型是用户定义类型，则称为自定义类型数组或记录数组。例如，有以下声明：

```
Dim mystu(1 To 50) As StudType
```

则第 10 个学生总分数可写为：

```
mystu(10).Total
```

本项目的学生成绩管理器案例中就使用了自定义类型数组，在这里就不再举例说明了。

5.3.2 文件的概念

1. 记录

记录是计算机处理数据的基本单位，由若干相互关联的数据项组成。在数据处理过程中,表示一件事或一个人的某些属性就构成了一条记录。例如,一件商品的型号、规格、名称、单价等就构成一条记录;一个人的姓名、性别、出生日期、联系电话、家庭住址等也可以构成一条记录。例如:

姓名	性别	出生日期	联系电话	家庭住址

2. 文件

由一些具有一个或一个以上的记录集合而成的数据单位称为文件(File)。例如,学生的基本信息集合就是一个文件,如表 5-3 学生基本信息所示。

表 5-3　学生基本信息

张华	男	1988.5.14	010-82115899	北京
王强	男	1988.10.6	021-34256655	上海
赵莉	女	1987.12.23	0532-58674411	青岛
齐梅	女	1988.1.5	0532-84623799	青岛

为了能有效地存取文件,数据必须以一种特定的方式存储,这种特定的方式称为文件结构。常用的存储方式有顺序存储、随机存储和二进制存储。在 VB 6.0 中,文件分为以下 3 种类型:

① 顺序文件——用于连续存放的文本数据。
② 随机文件——用于有固定长度记录结构的文本数据或二进制数据。
③ 二进制文件——用于二进制数据。

5.3.3　访问顺序文件

顺序文件是普通的文本文件,其结构比较简单。存储方式是顺序存储,即一个数据接着一个数据的顺序排列。文件中的每一行字符串就是一条记录,每一条记录可长可短,并且记录与记录之间是以"换行"字符为分隔符号。

1. 顺序文件的打开与关闭

要对文件操作,首先要打开文件。要访问打开一个顺序文件,使用 Open 语句,格式如下:

Open<文件名>for 模式 As<#文件号>[Len=记录长度]

其中:

① <文件名>可以是字符串常量,也可以是字符串变量,是所要操作的文件名称,包括整个路径和文件名。
② "模式"为下列三种形式之一:
• Output　对文件进行写操作。

- Input　对文件进行读操作。
- Append　对文件末尾追加记录。

③ <文件号>是一个介于 1～511 之间的整数。当打开一个文件并为它指定一个文件号后,该文件号就代表该文件,直到文件被关闭后,此文件号才可以再被其他文件使用。

例如,打开 C 根目录下的 stu.dat 文件,供写入数据,命令为:

```
Open "c:\stu.dat" For Output As #1
```

在打开一个文件并执行了相应的读写后,如果要为其他类型的操作重新打开它之前,必须使用 Close 语句关闭它。其语法为:

```
Close [< #文件号 1>][,[< #文件号 2>]]…
```

例如,Close ♯1,♯2,♯4 命令是关闭 1 号、2 号和 4 号文件。如果省略了文件号,单独一个 Close 将会关闭所有已经打开的文件。

2. 顺序文件的写入操作

有两种语句:

① Print ♯文件号,[数据列表]

其中,"数据列表"是指[{Spc(n)|Tab[(n)]}][表达式列表][;|,]。";"表示下一字符紧随前一个字符输出。","表示下一个字符在下一个格式区输出。"数据列表"可以是字符串常量,也可以是字符串变量。Print ♯语句是将"数据列表"中的值写入到文件中。

② Write ♯文件号,[数据列表]

其中,"数据列表"一般是指用","分隔的数值或字符串表达式。Write ♯的功能基本上与 Print ♯语句相同,区别在于 Write ♯是以紧凑格式存放,即在数据项之间插入",",并给字符串加上双引号。

3. 顺序文件的 3 种读取操作

① Input ♯文件号,变量列表

使用该语句将从文件中读出数据,并将读出的数据分别赋给指定的变量。为了能够用 Input ♯语句将文件中的数据正确的读出,在将数据写入文件时,要使用 Write ♯语句。

② Line Input ♯文件号,字符串变量

使用该语句可以从文件中读出一行数据,并将读出的数据赋给指定的字符串变量。读出的数据中不包含回车符及换行符。

③ Input $(读取的字符数,♯文件号)

这是一个函数,调用它可以读取指定数目的字符。

实例 5-3　将以上与顺序文件有关的读写命令进行举例。程序界面如图 5-2 所示。

程序中使用了 6 个 Command 控件,分别触发一个例子程序。两个文本框控件,完成文件数据的输入输出功能,并将其中一个文本框的 MultiLine 属性设为 True。其他控件

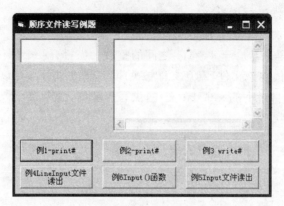

图 5-2　顺序文件读写举例

的属性修改如图 5-2 顺序文件读写举例所示。

① 利用 Print ＃语句把字符串常量写入顺序文件

```
Private Sub Command1_Click()
   Open "c:\TESTFILE.txt" For Output As #1
   Print #1, "This is a test"
   Print #1,
   Print #1, "Zone 1"; Tab; "Zone 2"
   Print #1, "Hello"; " "; "World"
   Print #1, Spc(5); "5 leading spaces"
   Print #1, Tab(10); "Hello"
   Close #1
End Sub
```

② 利用 Print ＃语句把文本框中的数据写入顺序文件

```
Private Sub Command2_Click()
   Open "c:\TEST1.txt" For Output As #1
   Print #1, Text1.Text
   Close #1
End Sub
```

③ 利用 Write ＃语句将数据写入顺序文件

```
Private Sub Command3_Click()
   Open "c:\TEST2.txt" For Output As #1
   Write #1, "one", "two", 123
   Close #1
End Sub
```

④ 利用 Line Input ＃读操作

```
Private Sub Command4_Click()
   Dim inputdata As String
   Text2.Text=""
   Open "c:\TESTFILE.txt" For Input As #1
   Do While Not EOF(1)
```

```
      Line Input #1, inputdata
      Text2.Text=Text2.Text+inputdata+vbCrLf
   Loop
   Close #1
End Sub
```

⑤ 利用 Input ♯语句读操作

```
Private Sub Command5_Click()
   Dim inputdata As String
   Text2.Text=""
   Open "c:\TEST2.txt" For Input As #1
   Do While Not EOF(1)
      Input #1, inputdata
      Text2.Text=Text2.Text+inputdata+vbCrLf
   Loop
   Close #1
End Sub
```

⑥ 利用 Input()函数读操作

```
Private Sub Command6_Click()
   Text2.Text=""
   Open "c:\TEST1.txt" For Output As #1
   Print #1, Text1.Text
Close #1
Open "c:\test1.txt" For Input As #1
   Text2.Text=Input(3, #1)
Close #1
End Sub
```

5.3.4　访问随机文件

随机文件中的每条记录的长度都是相同的,记录与记录之间不需要特殊的分隔符号。用户只要给出记录号,就可以直接访问某一特定记录。

1. 随机文件的打开与关闭

随机文件的打开仍用 Open 语句,语法格式为:

Open<文件名>For Random As<♯文件号>[Len=记录长度]

其中,"Len＝记录长度"指定了每条记录的长度,默认值 128 个字节。

2. 随机文件的读写操作

① 把记录读入变量,即从随机文件中读出数据,使用 Get ♯语句,语法为:

Get #<文件号>,<记录号>,<变量名>

115

Get 命令把由"号"指定的一条记录读入到变量中。记录号是一个大于或等于 1 的整数,若省略记录号,则表示读取当前记录后的一条记录。

② 使用 Put ♯ 语句可以把数据写入或替换随机文件中的记录,语法为:

Put #<文件号>,<记录号>,<变量名>

Put 命令使变量一次将一条记录的内容写入磁盘文件中记录号指定的位置处。若省略记录号,则表示在当前记录后插入一条记录。

实例 5-4 随机文件的读写举例。程序界面如图 5-3 所示。程序所使用的控件以及控件的属性设置如图 5-3 所示。

```
Private Sub Command1_Click()
  Dim x As String, y$
  x=Text1.Text
  Open "c:\testfile.txt" For Random As #1 Len=8
  Put #1, , x                              '将 Text1 中的值写入文件
  Get #1, 1, y                             '读出编号为 1 的记录值给 y
  Text2.ForeColor=RGB(0, 0, 255)
  Text2.Text=y
  Close #1
End Sub
```

图 5-3　随机文件读写举例

5.3.5　访问二进制文件

二进制文件是字节的集合,所存储的数据不需要按某种方式进行组织,允许程序按所需的任何方式组织和访问,这种存取方式最为灵活。当要保存的文件很小时,应该用二进制文件。

二进制访问模式与随机访问模式类似,读写语句也是 Get 和 Put,区别在于二进制模式的访问单位是字节,而随机访问模式的访问单位是记录。

下面将结合一个实例说明二进制访问模式。

实例 5-5　编写一个复制文件的程序。

主要程序代码如下:

```
Dim char As Byte
  Dim filenum1%, filenum2%
  filenum1=FreeFile                        '用 FreeFile 函数返回当前可使用的文件号
  '打开源文件
  Open "c:\stu.dat" For Binary As #filenum1
  filenum2=FreeFile
  '打开目标文件
  Open "c:\stu.bak" For Binary As #filenum2
  Do While Not EOF(filenum1)
```

```
          '从源文件读出一个字节
          Get #1, , char
          '将一个字节写入目标文件
          Put #2, , char
     Loop
     Close #filenum1
     Close #filenum2
```

提示：在学习中，可将二进制文件理解成记录长度为 1 个字节的随机文件。

5.3.6　文件系统控件

文件系统控件有三种：驱动器列表框（DriveListBox）、目录列表框（DirListBox）和文件列表框（FileListBox）。通常，这些系统控件通过一些特殊属性和事件相互联系起来，以查看驱动器、目录和文件。

利用这三种控件，可以建立如图 5-4 所示的文件管理程序。

图 5-4　文件系统控件

1. 驱动器列表框

驱动器列表框是一个下拉式的列表框，外观与组合框相似。默认状态下显示当前驱动器名。程序运行后，该控件获得焦点时，可输入任何有效的驱动器标识符，或者单击右侧的下拉箭头选择列表框中的驱动器标识符。

可以通过检查 Drive 属性判断当前选择的驱动器。应用程序也可用简单的赋值语句来指定出现在列表框顶端的驱动器，例如，Drive1.Drive＝"c:\"，则指定驱动器为 C。

在驱动器列表框中选择新的驱动器后，将触发一个 Change 事件。

2. 目录列表框

目录列表框的外观与列表框相似，可以分层显示当前所选驱动器的目录清单，当前目录名被突出显示。

它具有在设计模式下不可用的 Path 属性，用来读取或指定当前工作目录。如：

```
Dir1.Path=Drive1.Drive          '将用户在驱动器列表框中选取的驱动器设为当前工作目录
```

117

```
Dir1.Path="c:\windows"                   '将当前目录设为 c:\windows
```

使用 ChDir 语句可以改变当前的目录或文件夹。如：

```
ChDir Dir1.Path                          '将用户在目录列表框中选取的目录设为当前目录
```

3. 文件列表框

程序运行时，文件列表框显示由 Path 属性指定的包含在目录中的文件。其主要属性如表 5-4 所示。

表 5-4　FileListBox 的主要属性

属　　性	说　　明
FileName	返回或设置所选文件的路径和文件名，设计模式下不可用
Pattern	过滤作用，即设定允许显示文件名的文件类型。如＊.exe，＊.com
MultiSelect	是否允许用户选择多个文件。True 允许，False 不允许
Hidden	是否可以显示 Hidden 属性的文件
Normal	是否可以显示 Normal 属性的文件
ReadOnly	是否可以显示 ReadOnly 属性的文件
System	是否可以显示 System 属性的文件

实例 5-6　设计如图 5-4 所示的文件管理系统。当用户在文件列表框中单击文件名时，输出文件内容。

在窗体中，添加驱动器、目录和文件列表框对象，还有一个文本框。

三个文件系统控件必须协调工作才能构成一个文件管理系统。为了使它们之间能产生同步效果，需编写如下的事件过程：

```
Private Sub Drive1_Change()              '当用户在驱动器列表框中选择一个新的驱动器后，
                                          Drive1 的 Drive 属性改变，触发 Change 事件
  Dir1.Path=Drive1.Drive
End Sub
Private Sub Dir1_Change()                '当目录列表框 Path 的属性改变，触发 Change 事件
  File1.Path=Dir1.Path
End Sub
```

选中文件列表框中的文件时，在文本框中进行显示，在这里只显示文本文件。

```
Private Sub File1_Click()
  Dim b$, nextline$
  ChDrive Drive1.Drive
  ChDir Dir1.Path                        '将用户在目录列表框中选取的目录设为当前目录
    Text1.Text=""
    Open File1.FileName For Input As #1
      b=""
```

```
      Do Until EOF(1)                               '读取文件内容直到最后一项
        Line Input #1, nextline
        b=b & nextline & Chr(13) & Chr(10)          '每项后面加回车换行符
      Loop
      Close #1
      Text1.Text=b
End Sub
```

5.4 独立实践——简单文件加密程序

　　程序所使用的控件如图 5-5 文件加密程序所示。程序所要求的功能,是将文件读出后加密再存盘。在这里我们采用一种简单的加密方法,将每一个西文字符的 ASCII 码值通过表达式变换变成一个新的值,然后再将这个新的 ASCII 码值转换成相应的西文字符进行保存。例如,对每一个字符可采用 ASCII 码加 5 的运算,得到一个新的字符。

　　加密前的程序和加密后的程序对比,如图 5-5 文件加密程序图所示,加密的表达式可以自己来定义。

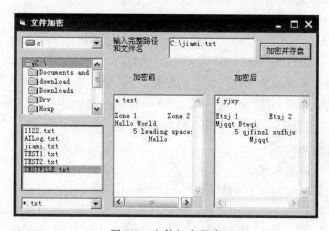

图 5-5 文件加密程序

5.5 小   结

　　VB 6.0 中为了对文件进行操作,必须打开文件,可用 Open 语句打开文件。打开文件是将磁盘上的文件读入内存的过程。根据需要可以用不同的方式打开文件,如随机存取方式、输入方式或输出方式。文件打开后,文件内容不会自动显示出来,为了显示已打开的文件,还需要用 Input 等语句将打开的文件内容读取到内容变量或其他对象中。以输出模式保存文件前,需要先使用 Open 语句"打开"文件。打开的文件在使用完毕后,必须用 Close 语句及时关闭。

利用 VB 6.0 中提供的文件列表框控件、目录列表框控件和驱动器列表框等控件,可以设计文件的对话框(如"打开文件"对话框)。

5.6 习 题

1. 填空题

(1) 根据访问模式,文件分为三类,分别是_____、_____和_____。

(2) 要表示自定义类型变量中的某个成员时,格式为_____。

2. 选择题

(1) 如果准备读文件,打开顺序文件"text. dat"的正确语句是(   )。

  A. open"text. dat"For write As ♯1 B. open"text. dat"For Binary As ♯1

  C. open"text. dat"For Input As ♯1 D. open"text. dat"For Random As ♯1

(2) 如果准备向随机文件中写入数据,正确的语句是(   )。

  A. print ♯1, rec   B. write ♯1, rec

  C. put ♯1, rec   D. get ♯1, rec

(3) 程序代码 fileFiles. Pattern="∗. bat"执行后,会显示(   )。

  A. 只向含扩展文件名为". bat"的文件 B. 第一个 bat 文件

  C. 包含所有的文件   D. 磁盘的路径

(4) 下面(   )不是 Visual Basic 6.0 提供的访问模式。

  A. 顺序访问模式   B. 随机访问模式

  C. 二进制访问模式   D. 动态访问模式

(5) CommonDialogl 控件的程序代码:CommonDialogl. Action=1,代表(   )。

  A. 文件另存为 B. 打开文件 C. 色彩 D. 打印

(6) 为了建立一个随机文件,其中每一条记录由多个不同数据类型的数据项组成,应使用(   )。

  A. 记录类型   B. 变体类型   C. 数组   D. 字符串联类型

(7) 为了把一个记录型变量的内容写入文件中指定的位置,所使用语句的格式为(   )。

  A. Get 文件号,记录号,变量号 B. Get 文件号,变量号,记录号

  C. Put 文件号,变量号,记录号 D. Put 文件号,记录号,变量号

3. 思考题

(1) 什么是文件?

(2) 请说明随机存取文件的含义。

（3）文件列表框的 FileName 属性中是否包含路径？

（4）随机文件和二进制文件的读写操作有何差别？

4. 上机题

（1）编写程序，将文本文件 newstud2. txt 合并到 newstud1. txt 文件中。

（2）将顺序存取文件"C:\Autoexec. Bat"读入到文本框中（写出程序代码）。

项目 6　多文档文本编辑器

本项目学习目标
- 掌握 Visual Basic 6.0 中的多文档界面的制作
- 掌握 Visual Basic 6.0 中的菜单栏的制作
- 掌握 Visual Basic 6.0 中的工具栏的制作
- 掌握 Visual Basic 6.0 中的状态栏的制作
- 掌握 Visual Basic 6.0 中的通用对话框的使用

随着 Windows 操作系统风靡全世界,各种基于 Windows 的应用程序及各类娱乐软件也日益为人们所熟悉,它们的共同特点之一是:大量使用不同的菜单和工具栏,把用户从烦琐的命令和参数中解放出来,使用和操作显得十分直观和方便。多文档是指一个应用程序中包含多个文档,绝大多数基于 Windows 的大型应用程序都是多文档界面,如 Microsoft Excel 等。下面将通过制作一个功能齐全的多文档文本编辑器,来学习有关多文档界面、菜单栏、工具栏、状态栏和对话框等内容的设计与制作。

6.1　项 目 分 析

本项目界面如图 6-1 所示,编辑器以菜单栏和工具栏两种途径提供给用户进行文本操作,可以打开多个文档窗口,可以对当前文档的文本进行常规的编辑操作,可以设置字体、格式及背景,还可以以不同窗口形式排列文档窗口。

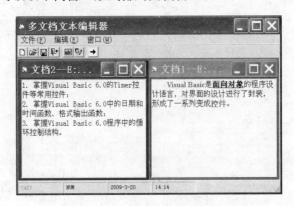

图 6-1　多文档文本编辑器主界面

6.2 操 作 过 程

1. 界面设计

多文档编辑器主界面框架如图 6-2 和图 6-3 所示。

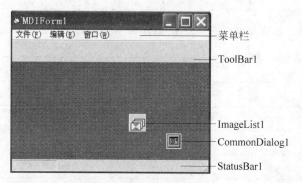

| 图 6-2 多文档文本编辑器主框架 | 图 6-3 多文档文本编辑器子窗体框架 |

其创建步骤如下:

(1) 运行 Visual Basic 6.0 后,在弹出的【新建工程】对话框中选择【标准 EXE】选项,单击【确定】按钮。程序将创建一个名为"Form1"的工程窗口。

(2) 单击【工程】/【添加 MDI 窗体】命令,添加一个名为 MDIForm1 的窗体。

(3) 在设计状态,单击【工具】/【菜单编辑器】命令,或单击工具栏上的 按钮,打开【菜单编辑器】对话框,如图 6-4 所示,向 MDIForm1 中添加菜单栏。按图 6-5 所示的标题、名称、级别、快捷键和有效性,设计菜单各项内容,菜单中各选项的属性设置如表 6-1 所示。

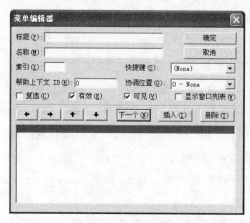

图 6-4 菜单编辑器

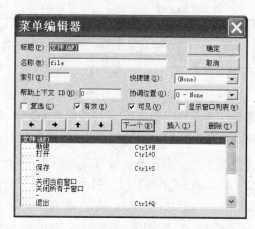

图 6-5 编辑菜单

表 6-1 菜单选项属性设置

标题(Caption)	名称(Name)	快捷键	有效(Enabled)
文件(&F)	File		true
…新建	New	Ctrl+N	true
…打开	Open	Ctrl+O	true
…-	line1		true
…保存	save	Ctrl+S	true
…-	line2		true
…关闭当前窗口	close		true
…关闭所有子窗口	closeall		true
…-	line3		true
…退出	Quit	Ctrl+Q	true
编辑(&E)	Edit		true
…复制	copy	Ctrl+C	false
…剪切	cut	Ctrl+X	false
…粘贴	paste	Ctrl+V	false
…-	line4		true
…字体	font	Ctrl+F	true
…背景色	Backcolor	Ctrl+B	true
窗口(&W)	window		true
…水平平铺	Horizontal		true
…垂直平铺	Vertical		true
…层叠	cascade		true
…排列图标	icon		true

(4) 由于 ActiveX 控件通常不包含在标准控件中,所以使用前应首先将其添加进标准控件工具箱。单击【工程】/【部件】命令,弹出"部件"对话框。将"Microsoft Common Dialog Control 6.0"选中,单击"确定"按钮,这时,标准工具箱中就会出现该部件▣。双击▣将 CommonDialog 控件添加到 MDIForm1 空白区域。

(5) 单击【工程】/【部件】命令,弹出"部件"对话框。将"Microsoft Windows Common Controls 6.0"选中,单击"确定"按钮。

(6) 在工具箱中,添加 ToolBar 控件▣到 MDIForm1 窗体菜单栏下方;添加 ImageList 控件▣到 MDIForm1 窗体的空白处;添加 StatusBar 控件▣到 MDIForm1 窗体的下方,如图 6-2 所示。

（7）单击【工程】/【部件】命令，弹出"部件"对话框。将"Microsoft RichTextBox Controls 6.0"选中，单击"确定"按钮。

（8）在【工程资源管理器】窗口中选择 Form1，打开 Form1 对象窗口。在工具箱中，添加 RichTextBox 控件到 Form1 窗体，左上角与窗体左上角对齐，如图 6-3 所示。

2. 设置对象属性

多文档文本编辑器界面中对象属性的设置步骤如下：

（1）选中 MDIForm1 窗体，在属性窗口中将 Caption 改为"多文档文本编辑器"。

（2）右击 MDIForm1 窗体上的 ImageList 图标，在弹出的快捷菜单中选择"属性"命令，打开【属性页】对话框，选择【图像】选项卡，设置"索引"、"关键字"、"插入图片"，如表 6-2 所示，设置完后的【属性页】对话框如图 6-6 所示。

表 6-2 ImageList1 属性设置

索引（系统默认，不需输入）	关 键 字	插入图片（"图像"表）
1	new	
2	open	
3	save	
4	closeall	
5	quit	
6	font	
7	backcolor	

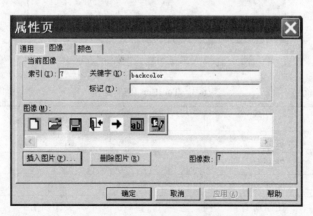

图 6-6 ImageList1 属性页对话框

（3）右击 MDIForm1 窗体上的 ToolBar1 控件，在弹出的快捷菜单中选择"属性"命令，打开【属性页】对话框，选择【通用】选项卡，"图像列表"选择"ImageList1"，如图 6-7 所示。再切换到【按钮】选项卡，设置项目如图 6-8 所示，各项目如表 6-3 所示。

图 6-7 ToolBar 属性页"通用"选项卡

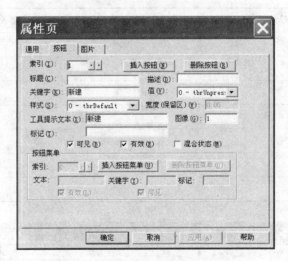

图 6-8 ToolBar 属性页"按钮"选项卡

表 6-3 ToolBar 属性设置

索 引	关键字	样 式	工具提示文本	图 像
1	新建	0	新建	1
2	打开	0	打开	2
3	保存	0	保存	3
4	关闭所有	0	关闭所有	4
5		3		
6	字体	0	字体	6
7	背景色	0	背景色	7
8		3		
9	退出	0	退出	5

（4）右击 MDIForm1 窗体上的 StatusBar1 控件，在弹出的快捷菜单中选择"属性"命令，打开【属性页】对话框，选择【窗格】选项卡设置项目如图 6-9 所示，各项目如表 6-4 所示。

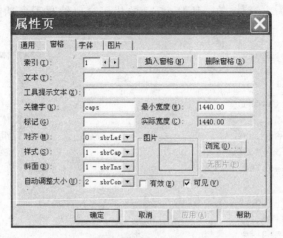

图 6-9　StatusBar 属性页对话框

表 6-4　**StatusBar 属性设置**

索引	关键字	样式	索引	关键字	样式
1	caps	1	3	date	6
2	num	2	4	time	4

（5）在【工程资源管理器】窗口中选择 Form1，打开 Form1 对象窗口。更改 Form1 的 MdiChild 属性为"True"，如图 6-10 所示的子窗体 Form1 和父窗体 MDIForm1。选择 RichTextBox1，删除 Text 属性中的字符串，更改 ScrollBars 属性为"2—rtfVertical"，以便文本超出窗体大小时显示垂直滚动条。

（6）单击【工程】/【工程 1 属性】命令，在【通用】选项卡中选择"启动对象"为"MDIForm1"。

属性设置完后程序界面如图 6-11 所示。

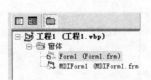

图 6-10　子窗体 Form1 和父窗体 MDIForm1　　　　图 6-11　多文档文本编辑器界面

3. 代码实现

以 MDIForm1 为主窗体,在 MDIForm1 的代码窗口编写程序功能代码:

```
Option Explicit
Dim main() As New Form1                              '声明窗体对象的动态数组
Dim i As Integer
Dim st
Private Sub new_Click()                              '新建
  i=i+1                                              '新子窗体数增加 1
  ReDim Preserve main(1 To i)                        '动态数组重定义
  main(i).Caption="文档" & i
  Form1.Visible=False
  main(i).Show
  copy.Enabled=True
  cut.Enabled=True
  paste.Enabled=False
End Sub


Private Sub open_Click()                             '打开
Dim Inputdata As String
  CommonDialog1.CancelError=True
  On Error GoTo Errhandler
  CommonDialog1.Filter="文本文件(＊.txt)"
  CommonDialog1.ShowOpen
  new_Click                                '先新建子窗体,然后在该子窗体中打开文件
  Form1.Visible=False
  main(i).Caption="文档" & i & "--" & CommonDialog1.FileTitle
  main(i).RichTextBox1.Text=""
  Open CommonDialog1.FileName For Input As #1        '以读方式打开文件
  Do While Not EOF(1)
     Line Input #1, Inputdata                        '读取文件
     main(i).RichTextBox1.Text=main(i).RichTextBox1.Text+ Inputdata+vbCrLf
  Loop
  Close #1                                           '关闭文件
  main(i).Show
  copy.Enabled=True
  cut.Enabled=True
  paste.Enabled=False
Errhandler:                                          '如有错误,则退出该子程序
  Exit Sub
End Sub


Private Sub save_Click()                             '保存
Dim Inputdata As String
  CommonDialog1.CancelError=True
  On Error GoTo Errhandler
  CommonDialog1.Filter="文本文件(＊.txt)|＊.txt"
  CommonDialog1.FileName=Screen.ActiveForm.Caption
```

```
    CommonDialog1.ShowSave
    Open CommonDialog1.FileName For Output As #1        '以写方式打开文件
    Print #1, Screen.ActiveForm.RichTextBox1.Text       '写入文件
    Close #1                                            '关闭文件
     Screen. ActiveForm. Caption = Left (Screen. ActiveForm. Caption, 3) &" - -" &
CommonDialog1.FileTitle
Errhandler:
    Exit Sub
End Sub


Private Sub close_Click()                               '关闭当前窗口
Unload Screen.ActiveForm                                '关闭屏幕上的活动窗口
End Sub


Private Sub closeall_Click()                            '关闭所有子窗口
Dim j%
If i=0 Then Exit Sub                                    '若没有打开任何子窗口则退出
For j=LBound(main) To UBound(main)                      '依次关闭每个子窗体
    Unload main(j)
Next j
i=0
End Sub


Private Sub Copy_Click()                                '复制
    st=Screen.ActiveForm.RichTextBox1.SelText           '将选中的内容存放到 st 变量中
    copy.Enabled=False                                  '进行复制后,剪切和复制按钮无效
    cut.Enabled=False
    paste.Enabled=True                                  '粘贴按钮有效
End Sub


Private Sub Cut_Click()                                 '剪切
    st=Screen.ActiveForm.RichTextBox1.SelText           '将选中的内容存放到 st 变量中
    Screen.ActiveForm.RichTextBox1.SelText=""           '清除选中的内容,实现了剪切
    copy.Enabled=False
    cut.Enabled=False
    paste.Enabled=True
End Sub


Private Sub Paste_Click()                               '粘贴
    Screen.ActiveForm.RichTextBox1.SelText=st
                                                        '将 st 变量中的内容显示在文本框 Text1 中
    copy.Enabled=True
    cut.Enabled=True
End Sub


Private Sub font_Click()                                '字体
CommonDialog1.CancelError=True
On Error GoTo Errhandler
CommonDialog1.Flags=cdlCFBoth+ cdlCFEffects
```

129

```
                                        '设置对话框中的字体类型为打印机字体和屏幕字体,显示
                                          删除线和下划线检查框以及颜色组合框
CommonDialog1.FontName=Screen.ActiveForm.RichTextBox1.SelFontName
                              '默认为当前字体属性
CommonDialog1.FontSize=Screen.ActiveForm.RichTextBox1.SelFontSize
CommonDialog1.FontBold=Screen.ActiveForm.RichTextBox1.SelBold
CommonDialog1.FontItalic=Screen.ActiveForm.RichTextBox1.SelItalic
CommonDialog1.FontStrikethru=Screen.ActiveForm.RichTextBox1.SelStrikeThru
CommonDialog1.FontUnderline=Screen.ActiveForm.RichTextBox1.SelUnderline
CommonDialog1.Color=Screen.ActiveForm.RichTextBox1.SelColor
CommonDialog1.ShowFont
With Screen.ActiveForm.RichTextBox1
                              '按照字体对话框中的设置,修改活动子窗体的各项属性
    .SelFontName=CommonDialog1.FontName
    .SelFontSize=CommonDialog1.FontSize
    .SelBold=CommonDialog1.FontBold
    .SelItalic=CommonDialog1.FontItalic
    .SelStrikeThru=CommonDialog1.FontStrikethru
    .SelUnderline=CommonDialog1.FontUnderline
    .SelColor=CommonDialog1.Color
End With
Errhandler:
    Exit Sub
End Sub


Private Sub bcolor_Click()                    '背景色
    CommonDialog1.CancelError=True            '当单击"取消"按钮时出现错误警告
    On Error GoTo Errhandler                  '当出现错误时,转去执行 Errhandler
    CommonDialog1.ShowColor
    Screen.ActiveForm.RichTextBox1.BackColor=CommonDialog1.Color
Errhandler:
    Exit Sub
End Sub


Private Sub Horizontal_Click()                '水平平铺
MDIForm1.Arrange vbTileHorizontal
End Sub


Private Sub cascade_Click()                   '层叠
MDIForm1.Arrange vbCascade
End Sub


Private Sub Vertical_Click()                  '垂直平铺
MDIForm1.Arrange vbTileVertical
End Sub


Private Sub icon_Click()                      '排列图标
MDIForm1.Arrange vbArrangeIcons
End Sub
```

```
Private Sub quit_Click()                                      '退出
End
End Sub

Private Sub Toolbar1_ButtonClick(ByVal Button As MSComctlLib.Button)     '设置工具栏
Select Case Button.Index
Case 1
    new_Click
Case 2
    open_Click
Case 3
    save_Click
Case 4
    closeall_Click
Case 5
Case 6
    font_Click
Case 7
    bcolor_Click
Case 8
Case 9
    quit_Click
End Select
End Sub
```

在子窗体 Form1 的代码窗口编写程序功能代码:

```
Private Sub Form_Resize()                   '当用户拖动鼠标扩大或缩小子窗
                                             体中的文本框随之改变其大小

    RichTextBox1.Height=ScaleHeight
    RichTextBox1.Width=ScaleWidth
End Sub
```

6.3 相 关 知 识

6.3.1 菜单编辑器

菜单(Menu)是 Windows 风格应用程序的重要组成部分。目前几乎所有的 Windows 应用程序都是通过菜单实现各种操作。菜单的基本作用是提供人机对话的界面,以便让使用者选择应用系统的各种功能,同时管理应用系统,控制各种功能模块运行,并用于给命令进行分组,使用户能够更方便、更直观地访问这些命令。

在实际的应用程序中,菜单具有两种具体的实现形式,分别是下拉式菜单和弹出式菜单。

下拉式菜单位于窗口的顶部,下拉式菜单的组成结构如图 6-12 所示。菜单栏出现在窗体标题栏下面,包含一个或多个菜单名,每个菜单名以下拉列表形式包含若干个菜单项。菜单项一般包括了应用程序的主要功能,通常按照功能分类组织并以级联方式显示。子菜单最多不能超过4级。菜单项可以包括菜单命令、分隔条和子菜单标题,分隔条的作用是当菜单项较多时,加上分隔条会使菜单看起来比较有条理。

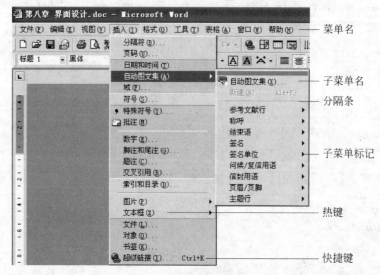

图 6-12　下拉式菜单的组成结构

为了方便键盘操作,菜单项可以拥有"热键"和"快捷键"。"热键"是指菜单命令旁边的带有下划线的特殊字母,操作时同时按住 Alt 键和该字母键就可以选择相应的菜单命令,例如"插入(I)"中的子母 I。"快捷键"是指在不打开菜单项的情况下,就可以快速执行一个菜单项功能的组合键,一个菜单项的"快捷键"通常显示在该菜单项的右边,如"插入"菜单中的"超级链接"右边的快捷键 Ctrl+K。

当某个菜单项在当前的状态下不可用时,往往以灰色显示,如"插入"下的"自动图文集"下的"新建"菜单项。

弹出式菜单也叫快捷菜单,是独立于窗体菜单栏而显示在窗体内的浮动菜单。

1. 菜单编辑器的使用

在 VB 6.0 中,菜单被看作是一种特殊类型的控件——菜单控件,菜单中的每一个菜单项,都是独立的菜单控件对象。

VB 6.0 提供的"菜单编辑器"可以非常方便地在应用程序的窗体上建立菜单。在设计状态下,选择"工具"/"菜单编辑器"命令,或单击工具栏上的"菜单编辑器"按钮,或右击窗体空白区域,在弹出的快捷菜单中选择"菜单编辑器"命令,或者用快捷键 Ctrl+E,均可调出"菜单编辑器"对话框,如图 6-4 和图 6-5 所示。

在"菜单编辑器"中,既可创建菜单控件,也可以进行相关属性设置。关闭"菜单编辑器"后,菜单控件也可以像其他常用控件一样在程序中进行设置。菜单控件只有 Click 事件。

"菜单编辑器"对话框由三部分组成,分别是菜单属性设置区、编辑区和显示区。

① 菜单属性设置区。用来输入或修改菜单并设置其属性。

- 标题(Caption 属性)。该属性用于设置应用程序菜单上出现的字符。如果在菜单标题的某个字母前加上 & 符号,则该字母就成为热键,使用时按 Alt＋字母。如果一个菜单项的标题 Caption 属性为"-",则设置了一个分隔条。
- 名称(Name 属性)。该属性用于定义菜单项的控制名,这个属性不会出现在屏幕上,在程序中用来引用该菜单项。
- 索引(Index 属性)。该属性决定菜单标题或菜单项在菜单控件数组中的位置或次序。该位置与菜单的屏幕显示位置无关。可以不输入任何内容。
- 快捷键列表框(ShortCut 属性)。该属性用来设置菜单项所对应的快捷键。该属性不能在程序中设置。
- 帮助上下文 ID(HelpConTextID 属性)。该属性用来为应用程序提供相关的帮助,能够在 HelpFile 属性指定的帮助文件中查找相应的帮助主题。
- 协调位置列表框(NegotiatePosition 属性)。决定窗体菜单栏中的单个菜单与窗体活动对象的菜单共用(或协商)菜单栏空间。所有 NegotiatePosition 为非零值的菜单与活动对象的菜单在窗体的菜单栏上一起显示。该属性不能在程序中设置。如果窗体的 NegotiateMenus 属性设为 False,则该属性的设置不起作用。

  其属性值有以下几种:

  ➤ 0—None：菜单项不显示。

  ➤ 1—Left：菜单项左显示。

  ➤ 2—Middle：菜单项中间显示。

  ➤ 3—Right：菜单项右显示。
- 复选框(Checked 属性)。该属性决定菜单项前面是否显示复选标记,即在菜单命令左边产生一个打勾的确认标志。属性默认值为 False。
- 有效(Enabled 属性)。该属性决定菜单项是否可用,默认值为 True。当此属性值为 False 时,菜单标题以灰色显示,表示该菜单项不能被选择。
- 可见(Visible 属性)。该属性决定菜单项是否被显示,默认值为 True。当此属性值为 False 时,菜单项被隐藏。
- 显示窗口列表(WindowList 属性)。该属性用来设置在多文档应用程序的菜单中是否包含一个已经打开的各个文档的列表。

② 编辑区。编辑区共有 7 个操作按钮和两个关闭菜单编辑器按钮,用来对输入的主菜单和菜单项进行简单的编辑和关闭菜单编辑器。

- 右箭头：每次单击都把选定的菜单向下移一个等级。一共可以创建 4 个子菜单等级。
- 左箭头：每次单击都把选定的菜单向上移一个等级。一共可以创建 4 个子菜单等级。
- 上箭头：每次单击都把选定的菜单项在同级菜单内向上移动一个位置。
- 下箭头：每次单击都把选定的菜单项在同级菜单内向下移动一个位置。
- 下一个：将选定移动到下一行。
- 插入：在列表框的当前选定行上方插入一行。

• 删除：删除当前选定行。

• 确定：关闭菜单编辑器，并对选定的最后一个窗体进行修改。

• 取消：关闭菜单编辑器，取消所有修改。

③ 显示区。显示区即菜单列表框，该列表框列出了所有的菜单项、快捷键、热键以及菜单项之间的层次关系。

下面通过一个实例来说明建立菜单的过程。

实例 6-1 建立一个如图 6-13 所示的简易文本编辑器。

建立菜单大致可分成如下三个步骤。

① 建立控件

在窗体上放置一个文本框，并设置文本框的多行属性和滚动条。

② 菜单设计

打开菜单编辑器，将表 6-5 中所列的简易文本编辑器菜单项逐项输入，包括菜单项的标题、名称、选择相应的快捷键，并设置其他需要设置的属性项的值。

图 6-13　菜单应用示例

当完成所有的输入工作后，单击"确定"按钮，就完成了整个菜单的建立工作。

表 6-5　简易文本编辑器菜单项的属性

标题（Caption）	名称（Name）	快捷键	标题（Caption）	名称（Name）	快捷键
文件	FileMenu		…-	FileLine2	
…新建	FileNew	Ctrl+N	…退出	FileExit	
…打开	FileOpen	Ctrl+O	编辑	EditMenu	
…-	FileLine1		…复制	EditCopy	Ctrl+C
…保存	FileSave	Ctrl+S	…剪切	EditCut	Ctrl+X
…另存为	FileSaveAs		…粘贴	EditPaste	Ctrl+V

③ 为事件过程编写代码

在菜单建立好后，还需要编写相应的事件过程，菜单控件只有 Click 事件。

在本例中编写复制、剪切、粘贴和退出 4 个菜单项的 Click 事件过程的代码。

程序如下：

```
Dim st
Private Sub EditCopy_Click()
    st=Text1.SelText              '将选中的内容存放到 st 变量中
    EditCopy.Enabled=False        '进行复制后,剪切和复制按钮无效
    EditCut.Enabled=False
    EditPaste.Enabled=True        '粘贴按钮有效
End Sub
```

```
Private Sub EditCut_Click()
    st=Text1.SelText                    '将选中的内容存放到 st 变量中
    Text1.SelText=""                    '清除选中的内容,实现了剪切
    EditCopy.Enabled=False
    EditCut.Enabled=False
    EditPaste.Enabled=True
End Sub

Private Sub EditPaste_Click()
    Text1.SelText=st                    '将 st 变量中的内容显示在文本框 Text1 中
    EditCopy.Enabled=True
    EditCut.Enabled=True
End Sub

Private Sub FileExit_Click()
    End
End Sub
```

2. 动态菜单

有时需要在程序运行时,随时增减菜单项,例如,在多数 Windows 应用程序的"文件"菜单中保存若干个最近打开的文件清单,这就是所谓的动态菜单。

设计动态菜单需要使用菜单数组,这同已经熟悉的控件数组一样。

设计动态菜单的步骤如下:

① 在菜单设计时,使用"菜单编辑器"对话框,加入一个菜单项,将其索引(Index)属性设置为 0(菜单数组),然后可以加入名称相同、索引相同的菜单项。

② 在程序运行时,通过 Load 方法向菜单数组增加新的菜单项,使用 Unload 方法,删除菜单项。

实例 6-2　在实例 6-1 的文件菜单中保留最近打开的文件清单,其运行效果如图 6-14所示。

打开【菜单编辑器】对话框,在【文件】菜单的【退出】选项前面插入一个菜单项RunMenu,设置索引属性为 0,使 RunMenu 成为菜单数组,Visible 属性设置为 False;再插入一个名为 FileLine3 的分隔线,Visible 属性也设置为 False。在菜单的最后加入名称为 MenuDel、标题为"删除菜单项"的菜单项。动态菜单编辑器的窗口如图 6-15 所示。

在窗体中加入"通用对话框"控件,用于设置打开文件。假定要保留的文件清单限定为 4 个文件名,设定全局变量 iMenucount 记录文件打开的数量,当 iMenucount<5 时,每打开一个文件,就用 Load 方法向 RunMenu()数组加入动态菜单成员,设置菜单标题为打开的文件名,并将最近打开的文件名放在打开文件的最上面。对于第五个以后打开的文件不需要加入数组元素,采用先进先出的算法刷新记录。删除菜单项,将保存的文件清单全部删去。代码如下:

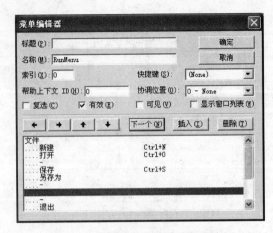

图 6-14 动态菜单运行效果　　　　图 6-15 动态菜单的菜单编辑器窗口

```
Dim iMenucount As Integer
Private Sub FileOpen_Click()
  On Error GoTo nofile                                  '设置错误陷阱
  CommonDialog1.InitDir="C:\Windows"                    '设置属性(可以在设计中完成)
  CommonDialog1.Filter="文本文件|*.txt"
  CommonDialog1.CancelError=True
  CommonDialog1.ShowOpen                                '或用 Action=1
  Text1.Text=""
  Open CommonDialog1.FileName For Input As #1           '打开文件进行读操作
  Do While Not EOF(1)
    Line Input #1, inputdata                            '读一行数据
    Text1.Text=Text1.Text+inputdata+Chr(13)+Chr(10)
  Loop
  Close #1                                              '关闭文件
  iMenucount=iMenucount+1
  If iMenucount<5 Then
  Fileline3.Visible=True
  Load RunMenu(iMenucount)                              '装入新菜单项
  RunMenu(iMenucount).Visible=True
  For i=iMenucount To 2 Step-1
    RunMenu(i).Caption=RunMenu(i-1).Caption
  Next i
  RunMenu(1).Caption=CommonDialog1.FileName
  Else
  i=iMenucount Mod 4                                    '第五个以后的文件刷新数组控件的标题
  If  i=0  Then i=4
    For i=4 To 2 Step-1
      RunMenu(i).Caption=RunMenu(i-1).Caption
    Next i
    RunMenu(1).Caption=CommonDialog1.FileName
  End If
  Exit Sub
nofile:                                                 '错误处理
  If Err.Number=32755 Then Exit Sub                     '单击"取消"按钮
End Sub
Private Sub MenuDel_Click()
```

```
    Dim n As Integer
      If iMenucount >4 Then                    '如果文件数大于 4
      n=4
  Else
      n=iMenucount
  End If
  For i=1 To n
  Unload RunMenu(i)                            '删除菜单项
  Next i
  iMenucount=0                                 '重置文件打开数
  Fileline3.Visible=False                      '隐藏分隔线
End Sub
```

3. 弹出式菜单(快捷菜单)

弹出式菜单也叫快捷菜单,是独立于窗体菜单栏而显示在窗体内的浮动菜单。该菜单在窗体内的显示位置取决于单击鼠标键时指针的位置。

设计弹出式菜单的方法与设计一般菜单类似,如果不希望菜单出现在窗口的顶部,将该菜单项的 Visible 属性设置为 False,即在菜单编辑器内去掉"可见"复选框前的复选标记"√"。Visual Basic 6.0 提供了 PopupMenu 方法来显示弹出式菜单。当使用 PopupMenu 方法时,它忽略了 Visible 的设置。PopupMenu 方法的格式如下:

```
[object.]PopupMenu menuname[, flags, x, y, boldcommand]
```

其中:

① menuname(菜单名):要显示的弹出式菜单名,为必选项。指定的菜单必须含有至少一个子菜单。其余参数为可选项。

② object(对象):一个对象表达式,如果省略 object,则带有焦点的 Form 对象默认为 object。

③ x,y:指定显示弹出式菜单的 x,y 坐标。如果这两个参数省略,则弹出式菜单显示在鼠标指针所在位置。

④ boldcommand:该参数用来指定用加粗显示其标题的弹出式菜单中的菜单控件名称,菜单中只能有一个粗体显示的菜单项。如果该参数省略,则弹出式菜单中没有以粗体字显示的菜单项。

⑤ flags(标志):一个数值或常数,其参数设置分为两类,按照表 6-6 中的描述设置用以指定弹出式菜单显示位置的参数,按照表 6-7 所示的描述设置用以指定弹出式菜单响应鼠标操作行为的参数。

表 6-6　弹出式菜单显示位置的参数

常 数 位 置	值	描　　　述
vbPopupMenuLeftAlign	0	默认值,弹出式菜单的左边定位于 x
vbPopupMenuCenterAlign	4	弹出式菜单以 x 为中心
vbPopupMenuRightAlign	8	弹出式菜单的右边定位于 x

表 6-7　弹出式菜单响应鼠标操作行为的参数

常 数 行 为	值	描　述
vbPopupMenuLeftButton	0	默认值,仅当使用鼠标左键时,弹出式菜单中的项目才响应鼠标单击
vbPopupMenuRightButton	2	不论使用鼠标右键还是左键,弹出式菜单中的项目都响应鼠标单击

如果要同时指定两类 Flag 参数,则把两个参数的值相加即可。例如假设用户希望菜单显示在 x 参数指定位置的左边,并且使用鼠标左右键时都可以选择菜单,则 Flag 参数的值为 10(8+2)。

弹出式菜单一般是在用户按下鼠标右键时产生,所以 PopupMenu 方法时常用在 MouseUP 或 MousDown 事件过程中,并用根据事件过程的 Button 参数来判断用户是否按下了鼠标右键。

实例 6-3　为实例 6-2 添加一个弹出式菜单,用来设置字体的格式,其菜单项的属性如表 6-8 所示。

表 6-8　弹出式菜单的菜单项属性

标题(Caption)	名称(Name)	可见(Visible)	标题(Caption)	名称(Name)	可见(Visible)
弹出菜单	PMenu	False	…下划线	PmUnder	True
…粗体	PmBold	True	…退出	PmExit	True
…斜体	PmItalic	True			

在程序运行时,用户在文本框(Text1)上单击鼠标右键弹出该菜单,选择其中的菜单项能够实现相应的功能。

程序代码如下:

```
Private Sub Text1_MouseDown(Button As Integer, Shift As Integer, X As Single, Y As Single)
  If Button=2 Then                          '若单击右键,则弹出 PMenu 菜单
    PopupMenu PMenu
  End If
End Sub

Private Sub PmBold _ Click()                 '粗体
  Text1.FontBold=Not Text1.FontBold
End Sub

Private Sub PmItalic _ Click()               '斜体
  Text1.FontItalic=Not Text1.FontItalic
End Sub

Private Sub PmUnder _ Click()                '下划线
  Text1.FontUnderline=Not Text1.FontUnderline
End Sub
```

```
Private Sub PmExit _ Click()                          '退出
  End
End Sub
```

6.3.2　多文档界面 MDI

Windows 应用程序主要有两种界面：一种是单文档界面 SDI（Single Document Interface）；另一种是多文档界面 MDI（Multiple Document Interface）。

例如，Windows 中的"计算器"、"记事本"和"画图"等应用程序是单文档界面。在这个界面中，当打开一个文件时，自动关闭原来的文件。同一个时刻，只能处理一个文档。而 Windows 中的 Word 和 Excel 等应用程序是多文档界面。具有这种界面的应用程序的特点是在程序运行时，可以同时打开多个文档。在 Word 启动之后，可以通过"新建"或"打开"操作多个文档窗口。每个文档窗口都可以编辑、处理文档文件，所有这些文档窗口都被限制在 Word 窗口之中。各个打开的文档窗口彼此独立。

多文档界面的应用程序可以包含三类窗体：MDI 父窗体（也称为 MDI 窗体或称为主窗体）、MDI 子窗体（也称为子窗体）及普通窗体（也称为标准窗体）。用户可以在父窗体内建立和维护多个子窗体，子窗体可以显示各自的文档，但所有子窗体都具有相同的功能。例如：在 Word 中，多个打开的文档窗口被限制在一个窗口中，这个窗口称为主窗体；而那些被限制在主窗体中的窗口称为子窗体。一个应用程序可以包含多个 MDI 子窗体，但只能有一个 MDI 父窗体。

多文档窗体的特性如下：

- 所有子窗体均显示在 MDI 父窗体的工作区中。用户可改变、移动子窗体的大小，但被限制在 MDI 父窗体中。
- 当子窗体最小化时，其图标显示在 MDI 父窗体的工作空间内，而不是在任务栏中。当最小化 MDI 窗体时，所有子窗体也被最小化，只有 MDI 窗体的图标出现在任务栏中。
- 当最大化一个子窗体时，它的标题与 MDI 窗体的标题一起显示在 MDI 窗体的标题栏上。
- MDI 窗体和子窗体都可以有各自的菜单，当子窗体加载时覆盖 MDI 窗体的菜单。

开发多文档界面的应用程序至少需要两个窗体：一个（只能一个）MDI 窗体和一个（或若干个）子窗体。在不同窗体中共用的过程、变量应存放在标准模块中。

1. 创建和设计 MDI 窗体

创建 MDI 窗体可通过在菜单栏上选择"工程"/"添加 MDI"命令，弹出"添加 MDI 窗体"对话框，在"新建"选项卡中选择"MDI 父窗体"并单击"打开"按钮，则在应用程序中添加一个 MDI 窗体；或把鼠标指向"Microsoft Visual Basic"窗口右侧"工程"窗口中的工程名,右击弹出快捷菜单,从中选择"添加"选项/"添加 MDI 窗体"命令。

MDI 窗体是子窗体的容器,在该窗体上可以有菜单栏、工具栏、状态栏,但不可以有文本框。

2. 创建和设计子窗体

MDI 子窗体实际上是 MDIChild 属性设置为 True 的普通窗体。

添加 MDI 子窗体的方法:单击"工程"/"添加窗体"选项添加普通窗体,并将该窗体的 MDIChild 属性设置为 True 即可。

窗体的 MDIChild 属性默认为 False,即作为普通窗体。窗体的 MDIChild 属性只能通过属性窗口来设置,不能在程序代码中设置。

子窗体的设计与 MDI 窗体无关,但运行时总是包含在 MDI 窗体中。

3. 设置 MDI 窗体为启动窗体

选择"工程"/"工程 1 属性"命令,打开"工程 1—工程属性"对话框,从"启动对象"下拉列表框中选择"MDI 窗体"的名称,然后单击"确定"按钮即可。

注意:如果设置 MDI 为启动窗体,则加载 MDI 窗体时,其子窗体不会自动加载显示。但如果设置子窗体为启动窗体,则加载子窗体时,其 MDI 窗体会自动加载并显示。

4. MDI 窗体与子窗体的交互

当程序运行时建立了一个子窗体的许多实例(副本)来存取多个文档时,它们具有相同的属性和代码,如何操作当前活动窗体和具有焦点的控件,这对程序员来说是一个非常重要的问题。

在 VB 6.0 中,提供了访问 MDI 窗体的两个属性,即 ActiveForm 和 ActiveControl,前者表示具有焦点的或者最后被激活的子窗体,后者表示活动子窗体上具有焦点的控件。

在代码中指定当前窗体的另一种方法是用 Me 关键字。用 Me 关键字来引用当前其代码正在运行的窗体。当需要把当前窗体实例的引用参数传递给过程时,这个关键字很有用。例如要关闭当前窗口,其语句为:

```
Unload Me
```

实例 6-4　建立一个简单的文本编辑器。要求在程序运行时,可以利用【文件】菜单中的【新建】命令,创建多个子窗体或文档窗口,如图 6-16 所示。

分析:为创建以文档为中心的应用程序,至少需要两个窗体:一个 MDI 窗体和一个子窗体。设计时,创建一个 MDI 窗体容纳该应用程序,再创建一个子窗体作为这个应用程序文档的模板。

建立简单的文本编辑器的步骤如下:

① 单击【工程】/【添加 MDI 窗体】命令,创建 MDI 窗体,则工程中包含一个 MDI 窗体(MDIForm1)和一个标准窗体(Form1),如图 6-17 所示。

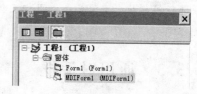

图 6-16　简单文本编辑器　　　　图 6-17　多文档窗体的工程窗口

② 将 Forml 的 MDIChild 属性设置为 True,并在 Form1 上创建一个文本框 (Text1),各控件的属性设置如表 6-9 所示。

③ 用【菜单编辑器】为 MDIForm1 创建一个【文件】菜单,包含两个子菜单项【新建】和【退出】,【文件】菜单的属性如表 6-10 所示。

表 6-9　窗体和文本框控件属性设置

对　象	属　性	设　置
MDI 窗体	Name	MDIForm1
	Caption	MDI 多文档
窗体	Name	Form1
	Caption	文本编辑器
	MDIChild	True
文本框	Name	Text1
	MultiLine	True
	Text	空值

表 6-10　"文件"菜单的属性

	标　题	名　称
主菜单项	文件(&F)	Mfile
子主菜单项	新建(&N)	Mfilenew
子主菜单项	退出(&X)	Mfileexit

④ 在 MDI 窗体上建立以下事件过程:

```
Private Sub Command1_Click()
    Dim nn As New Form1                '定义 nn 为窗体对象变量
    nn.Show                            '显示该窗体
End Sub
```

需要处理的是当用户拖动鼠标扩大或缩小子窗体时,应保证子窗体中的文本框随之改变其大小,这项工作通过子窗体的 Resize 事件过程完成。在 Form1 子窗体上建立以下事件过程:

```
Private Sub Form_Resize()
```

```
    Text1.Height=ScaleHeight
    Text1.Width=ScaleWidth
End Sub
```

⑤ 保存 MDI 应用程序,与普通的工程文件类似,每个窗体(本题有两个窗体:MDI 窗体和它的子窗体)应分别保存为不同的文件,所有窗体文件保存为一个工程文件。

运行程序时,可以在文本区输入文字。每个新窗体对象都与原有窗体具有相同的属性、事件和方法,即继承了 Form1 对象的属性、事件和方法。每个文本编辑区中都可以单独进行编辑操作,各窗口之间相互独立。

6.3.3 通用对话框

对话框是 Windows 应用程序和用户交互的重要手段,通过对话框可以输入必要的数据,或向用户显示信息。例如,打开一个文件时,弹出【打开】文件对话框,用以展示现存文件,供用户从中选择;保存文件时,弹出文件【另存为】对话框,让用户输入一个文件名;从应用程序的帮助菜单中选择【关于】菜单项,弹出【关于】对话框,向用户展示该程序的版权信息等。

1. 通用对话框

Visual Basic 6.0 的通用对话框 CommandDialog 控件提供了一组基于 Windows 的标准对话框界面。使用单个的通用对话框控件,可以显示文件打开、另存为、颜色、字体、打印和帮助对话框。这些对话框仅用于返回信息,不能真正实现文件打开、存储、颜色设置、字体设置和打印等操作。如果想要实现这些功能,必须通过编程解决。

CommandDialog 控件是 ActiveX 控件,需要通过"工程"/"部件"命令选择 Microsoft CommandDialog 选项,将 CommandDialog 控件 添加到工具箱。在设计状态下,CommandDisalog 控件以图标的形式显示在窗体上,其大小不能改变,在程序运行时,控件本身被隐藏。要在程序中显示通用对话框,必须对控件的 Action 属性赋予正确的值。另一个调用通用对话框的更好的办法是,使用说明性的 Show 方法来代替数字值。如表 6-11 所示给出了显示通用对话框的属性值和方法。

表 6-11　Action 属性和 Show 方法

属性	方　法	说　　明	属性	方　法	说　　明
1	ShowOpen	显示文件打开对话框	4	ShowFont	显示字体对话框
2	ShowSave	显示另存为对话框	5	ShowPrint	显示打印机对话框
3	ShowColor	显示颜色对话框	6	ShowHelp	显示帮助对话框

除了 Show 方法外,通用对话框具有的主要共同属性如下:

① CancelErorr 属性。通用对话框中有一个"取消"按钮,用于向应用程序表示用户

想取消当前操作。当 CancelErorr 属性设置为 True 时,若用户单击"取消"按钮,通用对话框自动将错误对象 Err. Number 设置为 32755(cdlCancel) 以便提供程序判断。若 CancelErorr 属性设置为 False,则单击"取消"按钮时不产生错误信息。

② DialogTiltle 属性。每个通用对话框都有默认标题,DialogTiltle 属性可由用户自行设计对话框标题栏上显示的内容。

③ Flags 属性。通用对话框的 Flags 属性可修改每个具体对话框的默认操作。

下面将详细讨论用 CommandDialog 控件显示的每一种类型的对话框。

2. "文件"对话框

在程序运行时,通过设置公共对话控件的 Action 属性为 1 或调用其 ShowOpen 方法,则立即弹出【打开】文件对话框。设置属性为 2 或调用其 ShowSave 方法,则立即弹出文件【另存为】对话框。但对话框并不能真正打开或存储一个文件,它仅提供一个打开或保存文件的界面,为用户在程序中打开或保存文件的操作指定路径及文件名,供用户从中选择,打开或保存文件的具体操作必须通过编程来实现。

【打开】文件对话框如图 6-18 所示,【另存为】对话框如图 6-19 所示。

图 6-18　【打开】文件对话框

图 6-19　【另存为】对话框

关于"文件"对话框除了上面介绍的基本属性外,还有下面常用的属性:

① FileName:用于设置或返回选定文件的路径和文件名。在对话框打开之前可用代码设置该属性,以便为对话框指定一个初始文件名;打开对话框后,用户通过在对话框中选择,可设置为当前选中的文件名,供关闭对话框以后读取,此时该属性是用户选定或

输入的文件名字符串,包括盘符、路径、文件主名及扩展名。

② FileTitle:用于设置或返回要打开或保存的文件名。它与 FileName 属性的区别是,该属性只表示文件名,不包括路径。

③ DefaulText:用于设置或返回对话框默认的文件扩展名。该属性值是一个文件扩展名字符串,如"＊.txt"、"＊.doc"等。当保存一个没有指定扩展名的文件时,系统自动加默认扩展名。

④ Filter(过滤器):设置或返回在对话框的文件类型列表框中显示的文件匹配表达式。语法格式为:

对象名.Filter="描述字符串 1|匹配表达 1 [|描述字符串 2|匹配表达式 2…]"

其中"描述字符串"是在文件类型列表框中显示的描述过滤的文本;匹配表达式(如＊.txt、＊.doc 等)是真正的过滤器,它指定对话框的文件列表中显示的文件类型;可指定多个过滤器(此时可用 FilterIndex 属性指明哪一个过滤器作为默认显示),各项之间以管道符号(ASCII 码为 124)分隔,前后不能带有空格。例如:对 CommonDialog1 进行如下设置:

CommonDialog1.Filter="文本文件(＊.txt)|＊.txt|Word 文档(＊.doc)|＊.doc|
                      Wps 文本(＊.wps)|＊.wps"

则【打开】对话框中显示的文件类型如图 6-20 所示。

图 6-20 【打开】文件对话框

⑤ FilterIndex:当用 Filter 设置了多个匹配表达式时,用该属性设置或返回当前的匹配表达式。Filter 定义的第一个过滤器索引值为 1,以后序增。

⑥ InitDir:设置或返回对话框中显示的初始文件目录。默认时为当前目录。

实例 6-5 使用【打开】文件对话框打开图像文件。

分析:要实现题目要求,需要在窗体上添加公共对话框控件、一个图像框、一个标签框、两个命令按钮。单击【Open】按钮时,显示【打开】文件对话框,显示的文件类型为图标文件、位图文件和图元文件,选择一个图像文件后,单击【打开】按钮,在图像框中显示该图像。标签框的标题显示图像文件的位置。

程序界面如图 6-21 所示。

控件的属性设置如表 6-12 所示。

表 6-12　图像显示器属性设置

默认名称	Name	Caption
CommonDialog1	cdgOpen	
Image1	ImgDisplay	
Label1	LblFileName	
Command1	cmdOpen	Open
Command2	cmdExit	Exit

图 6-21　图像显示器的界面设计

程序的代码如下：

```
Private Sub cmdOpen_Click()
  cdgOpen.CancelError=True
  On Error GoTo ErrHandler                            '错误处理
  cdgOpen.Filter="图标文件(＊.ico)|＊.ico|位图文件(＊.bmp)|＊.bmp|图元文件(＊.wmf)|
＊.wmf"
  cdgOpen.FilterIndex=2
  cdgOpen.ShowOpen
  openfile=cdgOpen.FileName                           '要显示的文件全名
  LblFileName.Caption=openfile
  ImgDisplay.Picture=LoadPicture(openfile)            '加载要显示的图形文件
ErrHandler:
  Exit Sub
End Sub
Private Sub cmdExit_Click()
  Unload Me : End
End Sub
```

3."颜色"对话框

"颜色"对话框显示为 Windows 的调色板。当设置公共对话控件的 Action 属性值为 3，或调用其 ShowColor 方法时，显示【颜色】对话框，如图 6-22 所示。用户可从面板中选取颜色，也可选取和产生定制颜色。

对于"颜色"对话框，除了前面介绍的基本属性外，公共对话控件还有一个重要的属性 Color。当用户从对话框中选取了某种颜色并关闭对话框时，利用 Color 属性获取所选的颜色。

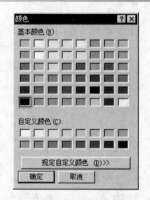

图 6-22　【颜色】对话框

实例 6-6　使用"颜色"对话框设置文本框的背景色和前景色，界面如图 6-23 所示。

分析：当单击【背景色】或【前景色】按钮时，弹出【颜色】对话框，从中设置背景或前景颜色。各控件属性如表 6-13 所示。

图 6-23　文本框颜色设置的界面设计

表 6-13　颜色设置的属性

默 认 名 称	Name	Caption
CommonDialog1	cdgOpen	
Text1	txtEdit	
Command1	Command1	前景色
Command2	Command2	背景色
Command3	Command3	退出

添加程序代码如下：

```
Private Sub Command1_Click()
CMDialog1.CancelError=True
  On Error GoTo ErrHandler          '错误处理
  CMDialog1.Flags=&H1&
  CMDialog1.ShowColor
  txtEdit.ForeColor=CMDialog1.Color '以颜色对话框选定的颜色作为文本框的前景色
  Exit Sub
ErrHandler:
  Exit Sub
End Sub
Private Sub Command2_Click()
  CMDialog1.CancelError=True
  On Error GoTo ErrHandler
  CMDialog1.Flags=&H1&
  CMDialog1.ShowColor
  txtEdit.BackColor=CMDialog1.Color '以颜色对话框选定的颜色作为文本框的背景色
  Exit Sub
ErrHandler:
  Exit Sub
End Sub
Private Sub Command3_Click()
  End
End Sub
```

4.“字体”对话框

“字体”对话框提供用户通过指定字形、点阵大小、体例来选取字型。当设置公共对话控件的 Action 属性值为 4，或调用其 ShowFont 方法时，显示【字体】对话框，如图 6-24 所示。

当用户从“字体”对话框中作出选择后，所有选择的信息包括在公共对话控件的下面的属性中：

① FontBold：是否选取粗体。

② FontItalic：是否选取斜体。

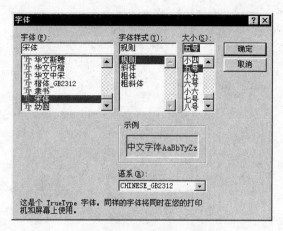

图 6-24　【字体】对话框

③ FontStrikethru：是否选取删除线。

④ FontUnderline：是否选取下划线。

⑤ FontName：选取的字型名称。

⑥ FontSize：选取的字型大小。

用户通过读取以上属性来设置字型。

注意：在显示"字体"对话框之前，必须设置 Flags 属性，否则将发生不存在字体的错误。

实例 6-7　使用【字体】对话框设置文本框里文本编辑区中文字的字体、字型、字号，界面设计如图 6-25 所示。

分析：各控件属性设置如表 6-14 所示。

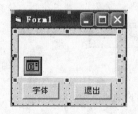

图 6-25　字体设置的界面设计

表 6-14　字体设置的属性设置

默 认 名 称	Name	Caption
CommonDialog1	cdgOpen	
Text1	txtEdit	
Command1	Command1	字体
Command2	Command2	退出

程序代码如下：

```
Private Sub Command1_Click()
CMDialog1.CancelError=True
    On Error GoTo ErrHandler                    '错误处理
    CMDialog1.Flags= &H3&
    CMDialog1.ShowFont                          '打开"字体"对话框
    txtEdit.Font.Name=CMDialog1.FontName
    txtEdit.Font.Size=CMDialog1.FontSize
```

147

```
        txtEdit.Font.Bold=CMDialog1.FontBold
        txtEdit.Font.Italic=CMDialog1.FontItalic
        txtEdit.Font.Underline=CMDialog1.FontUnderline
        txtEdit.FontStrikethru=CMDialog1.FontStrikethru
        Exit Sub
ErrHandler:
    Exit Sub
End Sub
Private Sub Command2_Click()
    End
End Sub
```

5. "打印"对话框

当设置公共对话控件的 Action 属性值为 5，或调用其 ShowPrint 方法时，显示【打印】对话框，如图 6-26 所示。"打印"对话框并不是把要打印的数据发送到打印机，而是供用户设置指定数据的打印方式。从【打印】对话框中，用户可以指定要打印的页面范围、打印质量、打印份数等，也显示当前安装的打印机的信息。用户从对话框中所选的参数保存在相关的属性中，再由编程来处理打印操作。

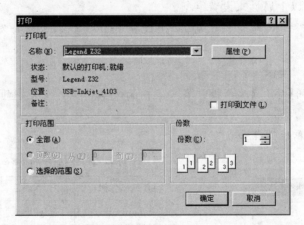

图 6-26 【打印】对话框

当从对话框中作出了选择以后，下面属性包含所作选择的有关信息：

① Copies：要打印的份数。

② FromPage：开始打印的页面。

③ ToPage：停止打印的页面。

④ HDc：所选打印机的设备环境。

实例 6-8 设计程序，当单击【打印】按钮时，弹出【打印】对话框，从中设置有关打印的参数；单击【确定】按钮后，按对话框中设置的参数打印当前文本，界面如图 6-27 所示。

分析：界面各控件属性如表 6-15 所示。

图 6-27 打印设置的界面设计

表 6-15 打印属性设置

默认名称	Name	Caption
CommonDialog1	CdgOpen	
Text1	txtEdit	
Command1	Command1	字体
Command2	Command2	退出

程序代码如下：

```
Private Sub Command1_Click()
    Dim BeginPage, EndPage, NumCopies, i
    CMDialog1.CancelError=True
    On Error GoTo ErrHandler                      '错误处理
    CMDialog1.ShowPrinter
    BeginPage=CMDialog1.FromPage                   '开始打印的页面
    EndPage=CMDialog1.ToPage                       '停止打印的页面
    NumCopies=CMDialog1.Copies                     '要打印的份数
    For i=1 To NumCopies
        Printer.Print txtEdit.Text                 '打印文本框中的内容
    Next i
ErrHandler:
    Exit Sub
End Sub
```

6. "帮助"对话框

"帮助"对话框是当公共对话控件的 Action 属性值设置为 6,或调用其 ShowHelp 方法时,显示的通用对话框。它是一个标准的帮助窗口,可用于应用程序的在线帮助。但"帮助"对话框不能制作帮助文件,只能将已制作好的帮助文件从磁盘中提取出来,并与界面连接起来,达到显示并检索帮助信息的目的。

对于"帮助"对话框,除了基本属性外,还有下面的重要属性:

① HelpCommand：用于设置或返回所需要的在线 Help 帮助类型,可参阅 Visual Basic 6.0 的帮助系统。

② HelpFile：用于指定 Help 文件路径及文件名。

③ HelpKey：用于指定帮助信息的内容,帮助窗口中显示由该帮助关键字指定的帮助信息。例如,在标准 Help 窗口中显示 VB.HLP 的 Common Dialog Control 语句帮助,可按下面设置属性:

```
CommonDialog1.HelpCommand= vbHelpContents
CommonDialog1.HelpFile= "VB.HLP"
CommonDialog1.HelpKey= "Common Dialog Control"
CommonDialog1.Action= 6
```

④ HelpConText：用于设置或返回所需要的 HelpTopic 的 ConText ID，一般与 HelpCommand 属性一起使用，指定要显示的 HelpTopic。

6.3.4　工具栏和状态栏

工具栏为用户提供了应用程序中最常用的菜单命令的快速访问方式，进一步增强了应用程序的菜单界面。目前工具栏已成为 Windows 应用程序的标准功能。在 VB 6.0 中用户可以用手工的方式制作工具栏，也可以利用系统提供的工具栏控件(ToolBar)和图像列表控件(ImageList)创建工具栏。

状态栏是用来显示各种状态信息的，例如用来显示系统的日期和时间、键盘状态以及光标的当前位置等一系列的系统信息。用户可以利用系统提供的状态栏(StatusBar)控件创建状态栏。

工具栏(ToolBar)控件和状态栏(StatusBar)控件是 ActiveX 控件，使用时需要通过"工程"菜单中的"部件"命令，将"Microsoft Windows Common Control 6.0"控件添加到工具箱中。

1. 工具栏

(1) 创建工具栏

创建工具栏的步骤如下。

① 在窗体中添加工具栏

在工具箱里双击工具栏(ToolBar)控件，工具栏会自动加入窗体并置于窗体的顶部。如果要把工具栏放置在其他位置或改变其大小，可在属性窗口中改变工具栏的 Align 属性。工具栏的 Align 属性值及其含义如表 6-16 所示。

表 6-16　Align 属性的取值及含义

常　量	值	说　　明
vbAlignNone	0	工具栏的大小和位置在设计时或程序中确定
vbAlignTop	1	工具栏显示在窗体的顶部，其宽度等于窗体的 ScaleWidth 属性值
vbAlignBottom	2	工具栏显示在窗体的底部，其宽度等于窗体的 ScaleWidth 属性值
vbAlignLeft	3	工具栏显示在窗体的左边，其高度等于窗体的 ScaleHeight 属性值
vbAlignRight	4	工具栏显示在窗体的右边，其高度等于窗体的 ScaleHeight 属性值

② 在工具栏中添加按钮

在工具栏上单击鼠标右键，从弹出的快捷菜单中选择"属性"命令，在弹出的"属性页"对话框中，选择"按钮"(Buttons)选项卡，如图 6-28 所示。在该选项卡中单击"插入按钮"按钮，Visual Basic 6.0 就会在工具栏控件中插入一个按钮(Button)对象。

工具栏控件中的按钮构成了一个按钮集合，其名称为 Buttons。通过 Buttons 集合可以访问工具栏中的各个按钮。"按钮"选项卡中的"插入按钮"或"删除按钮"的功能用于对

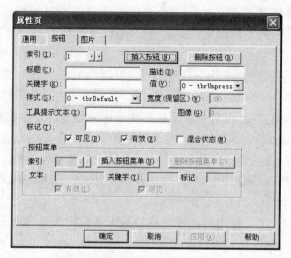

图 6-28　工具栏的"属性页"对话框

工具栏控件的 Buttons 集合进行添加或删除元素的操作。

该选项卡中的主要属性有：

- "索引(Index)"文本框表示每个按钮的数字编号，即按钮的序号，在 ButtonClick 事件中引用。
- "标题(Caption)"文本框用来设置或返回按钮的标题。
- "描述(Description)"文本框用来设置或返回按钮的描述信息，其属性值为字符型。
- "关键字(Key)"文本框表示每个按钮的标识名，在 ButtonClick 事件中引用。该属性值为字符型，是可选项，其值可以为空。
- "样式(Style)"下拉列表框指定按钮的样式，共 5 种，含义如表 6-17 所示。按钮样式取值为 3 时，该 Button 对象可用于分隔其他按钮。如果想把按钮分组，首先生成一个分隔按钮，再将这个按钮的 Style 属性改为 3-Separator。

表 6-17　按钮样式

值	常　数	按　钮	说　明
0	tbrDefault	普通按钮	按钮按下后恢复原态，如"新建"按钮
1	tbrCheck	开关按钮	按钮按下后将保持按下状态，如"加粗"等按钮
2	tbrButtonGroup	编组按钮	一组按钮同时只能一个有效，如"右对齐"等按钮
3	tbrSeparator	分隔按钮	宽度为 8 个像素的特殊按钮，用来把左右的按钮分隔开
4	tbrPlaceholder	占位按钮	占位以便安放其他控件，可设置按钮宽度(Width)
5	tbrDropdown	菜单按钮	具有下拉式菜单，如 Word 中的"字符缩放"按钮

- "值(Value)"下拉列表框表示按钮的状态，有按下(tbrPressed)和没有按下(tbrUnpressed)两种，对样式 1 和样式 2 有用。

- "工具提示文本(ToolTipText)",该属性用于设置或返回按钮的提示信息。程序运行时,将鼠标指针移到按钮上时,会显示该文本框的文字信息。
- "图像(Image)"文本框用于设置工具栏按钮显示的图像,该图像由 ImageList 对象中的 Key(关键字)或 Index(索引)值指定。

(2) 为工具按钮加载图像

在工具栏中加入按钮后,可以为每个按钮加载图像。因为工具栏按钮没有 Picture 属性,所以只能借助于图像列表(ImageList)控件来为工具栏按钮加载图像。图像列表控件不单独使用,而是专门为其他控件提供图像库,是一个图像容器控件,也是 ActiveX 控件。使用时需要单击"工程"/"部件"命令,将"Microsoft Windows Common Control 6.0"控件添加到工具箱中。

用图像列表控件为工具栏中的命令按钮加载图像的操作步骤如下。

① 在窗体中添加图像列表控件

在 Visual Basic 6.0 工具箱里单击 ImageList 图标,并将它拖动到窗体的任何位置(位置不重要,因为它在程序运行时是不可见的)。

② 在图像列表控件中加入图像

右击图像列表控件,从弹出的快捷菜单中选择"属性"命令,打开"属性页"对话框,选择"图像"选项卡,如图 6-29 所示。

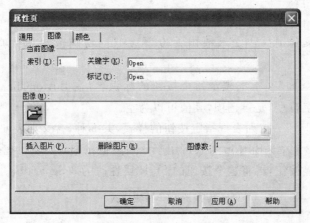

图 6-29　图像列表控件的"属性页"对话框

其中:

"索引(Index)"表示每个图像的编号,在 ToolBar 的按钮中引用。

"关键字(Key)"表示每个图像的标识名,在 ToolBar 的按钮中引用。

"图像数"表示已插入的图片数目。

"插入图片"按钮用于在图像列表控件中加入需要的图片。图像列表控件允许插入的图像类型主要有.bmp 文件、.ico 文件、.gif 文件和.jpg 文件。

"删除图片"按钮用于删除选中的图像。

③ 建立工具栏与图像列表框的关联

在工具栏的"属性页"对话框中选择"通用"选项卡,此时的"属性页"如图 6-30 所示。

选择"图像列表"下拉列表框中的一个图像列表控件，然后单击"确定"按钮，工具栏就会与该图像列表控件建立起关联。

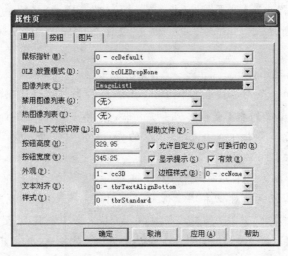

图 6-30　工具栏的"属性页"对话框

注意：当图像列表控件与工具栏控件相关联后，就不能对其进行编辑。若要对图像列表控件进行增、删图像，必须先将工具栏的"图像列表"下拉列表框设置为"无"，也就是与图像列表控件切断联系。

④ 从图像列表控件的图像库中选择图像加载入工具栏按钮

当工具栏与图像列表建立了关联后，就可以在工具栏的"属性页"对话框中选择"按钮"选项卡，通过在"图像"文本框中输入图像列表图像库中某个图片的索引值或关键字，来为选中的按钮加载指定的图片。

（3）响应工具栏控件事件

工具栏控件常用的事件有两个：ButtonClick 和 ButtonMenuClick。前者对应按钮样式为 0～2 的菜单按钮，后者对应样式为 5 的菜单按钮。

实际上，工具栏上的按钮是控件数组，单击工具栏上的按钮会发生 ButtonClick 事件或 ButtonMenuClick 事件，可以利用数组的索引（Index 属性）或关键字（Key 属性）来识别被单击的按钮，再使用 Select Case 语句完成代码编制。

实例 6-9　为实例 6-8 的简易文本编辑器添加一个工具栏，其外观效果如图 6-31 所示。

在实例 6-8 简易文本编辑器基础之上，可通过如下 5 个步骤为其添加一个工具栏。

（1）添加相关 Active X 控件

单击"工程"菜单中的"部件"命令，弹出"部件"对话框，将"Microsoft Windows Common Control 6.0"控件添加到工具箱中。

图 6-31　带工具栏的文本编辑器

（2）创建工具栏及相关的命令按钮

在实例 6-8 的窗体上创建工具栏控件 ToolBar1，右击工具栏控件，在弹出的快捷菜单中选择"属性"命令，弹出"属性页"对话框，选择"按钮"选项卡，然后单击"插入按钮"命令，依次添加"打开"、"新建"、"另存为"、"剪切"、"复制"、"粘贴"和"分隔按钮"等 8 个命令按钮。

（3）为工具栏创建图像库

在窗体上再添加一个图像列表控件 ImageList1，右击该控件，在弹出的快捷菜单中选择"属性"命令，弹出图像列表的"属性页"对话框，选择"图像"选项卡，然后单击"插入图片"命令，依次添加与工具栏命令按钮相对应的图片，并为每个图片设置相应的索引值。例如"打开"图片的索引值为 1。

（4）为工具栏和图像列表建立连接

在工具栏的"属性页"对话框中，选择"通用"选项卡，在"图像列表"框中选择 ImageList1，然后单击"确定"按钮，工具栏 ToolBar1 就会与图像列表 ImageList1 建立起关联。再次选择工具栏的"按钮"选项卡，选择"打开"命令按钮，并在其"图像"文本框中输入"打开"图片的索引值 1，然后单击"确定"按钮，这时，工具栏 ToolBar1 中"打开"命令按钮上就会出现指定的图片。最后，依次为所有按钮设置图片。

（5）为事件过程编写代码

为工具栏的 ButtonClick 事件编写代码。工具栏上的按钮是控件数组，可以用该控件数组的 Index 属性或 Key 属性来识别被单击的按钮，然后用 Select Case 语句来实现相应的功能。

在本例中只对"剪切"、"复制"和"粘贴"三个按钮编写代码，其代码如下：

① 用 Index 属性确定按钮的程序代码

```
Private Sub ToolBar1_Button Click (ByVal Button As MSComctlLib.Button)
    Select Case Button.Index
      Case 5
        st=Text1.SelText                          '将选中的内容存放到 st 变量中
        Text1.SelText=""                          '将选中的内容清除,实现了剪切
      Case 6
        st=Text1.SelText                          '将选中的内容存放到 st 变量中
      Case 7
        Text1.Text=Left (Text1, Text1.SelStart)+st+Mid(Text1, Text1.SelStart+1)
    End Select
End Sub
```

② 用 Key 属性确定按钮的程序代码

```
Private Sub ToolBar1_Button Click (ByVal Button As MSComctlLib.Button)
    Select Case Button.Key
      Case "EditCut"
        st=Text1.SelText                          '将选中的内容存放到 st 变量中
        Text1.SelText=""                          '将选中的内容清除,实现了剪切
      Case "EditCopy"
        st=Text1.SelText                          '将选中的内容存放到 st 变量中
```

```
     Case "EditPaste"
       Text1.Text=Left (Text1, Text1.SelStart)+st+Mid (Text1, Text1.SelStart+1)
     End Select
End Sub
```

2. 状态栏

状态栏(StatusBar)控件能够提供一个长方条,通常在窗体的底部,也可以通过 Align 属性决定状态栏出现的位置。状态栏一般用来显示系统信息和对用户的提示,例如,系统日期、软件版本、光标的当前位置和键盘的状态等。

在窗体上添加状态栏(StatusBar)控件,右击该控件,在弹出的快捷菜单中选择"属性"命令,弹出状态栏的"属性页"对话框。选择该对话框中的"窗格"选项卡,此时的"属性页"如图 6-32 所示。利用该对话框可以对状态栏的主要属性进行设置。

图 6-32 状态栏的"属性页"对话框

① "插入窗格"按钮:可以在状态栏增加新的窗格,状态栏最多可以分成16个窗格。

② "浏览"按钮:可插入图像,图像文件的扩展名为.ico 或.bmp。

③ "索引"(Index)和"关键字"(Key)文本框:这两个属性的作用与工具栏相应属性的作用基本相同,主要用来标识状态栏中不同的窗格。

④ "文本"(Text)框:该属性用来在窗格中显示需要的信息。

⑤ "工具提示文本"(ToolTipText)文本框:用来返回或设置窗格的提示信息,与工具栏相应选项的作用基本相同。

⑥ "对齐"(Alignment)下拉列表框:用来设置状态栏在窗体中的位置。其属性值有以下几种:

0——sbrLeft:文本在位图的右侧,以左对齐方式显示。

1——sbrCenter:文本在位图的右侧,以居中对齐方式显示。

2——sbrRight:文本在位图的左侧,以右对齐方式显示。

⑦ "样式"(Style)下拉列表框:用来设置状态栏中显示信息的数据类型。其属性值

有以下几种：

　　0——sbrText：文本和/或位图。

　　1——sbrCaps：显示 Caps Lock 的状态。

　　2——sbrNum：显示 Num Lock 的状态。

　　3——sbrIns：显示 Insert 键的状态。

　　4——sbrScrl：显示 Scroll Lock 的状态。

　　5——sbrTime：以 System 格式显示当前时间。

　　6——sbrDate：以 System 格式显示当前日期。

　　⑧ "斜面"(Bevel)下拉列表框：用来设置状态栏中每个窗格的显示外观。其属性值有以下几种：

　　0——sbrNoBevel：窗格显示平面样式。

　　1——sbrInsert：窗格显示凹进样式。

　　2——sbrRaised：窗格显示凸起样式。

　　⑨ "自动调整大小"(AutoSize)下拉列表框：用来设置状态栏是否能够自动调整大小。其属性值有以下几种：

　　0——sbrNoAutoSize：该窗格的宽度始终由 Width 属性指定。

　　1——sbrSpring：当窗体大小改变产生多余的空间时，所有具有该属性设置值的窗格均分空间。

　　2——sbrContent：窗格的宽度与其内容自动匹配。

实例 6-10　为实例 6-9 的文本编辑器增加一个状态栏。该状态栏有 4 个窗格构成，它们分别显示大小写控制键、数字键的状态，以及当前的系统日期与时间，如图 6-33 所示。

该程序的设计步骤如下：

在实例 6-9 的窗体上添加状态栏控件 StatusBar1，右击该控件，在弹出的快捷菜单中选择 "属性"命令，弹出状态栏的"属性页"对话框，选择 "窗格"选项卡，然后单击"插入窗格"命令，依次添加 4 个窗格，其"样式"值分别设置为 sbrCaps、

图 6-33　带状态栏的文本编辑器

sbrNum、sbrDate 和 sbrTime。由于这 4 种功能的实现都是利用状态栏自身的属性设置，因此不需要编写任何程序代码。

6.3.5　RichTextBox 控件

RichTextBox 控件可用于输入和编辑文本，同时提供了比常规的 Textbox 控件更高级的格式特性。

Textbox 控件只能进行单一的文字格式设置,而 RichTextBox 控件可以实现多种文字、段落等的格式设置,还有插入图形的功能,可以真正构成一个像 Word 一样的文字处理软件。

要使用 RichTextBox 控件,必须打开【部件】对话框,将"Microsoft RichTextBox Controls 6.0"控件添加到工具箱。

1. 文件操作方法

用 loadfile 和 savefile 方法可以方便地为 RichTextBox 控件打开或保存文件。

(1) loadfile 方法

loadfile 方法能够将 RTF 文件或文本文件装入 RichTextBox 控件,格式如下:

对象.loadfile 文件标识符[,文件类型]

其中:文件类型取值 0 或 rtfRTF 为 RTF 文件(默认);取 1 或 rtfTEXT 为文本文件。

例如,RichTextBox1. loadfile CommonDialog1. filename,1,表示在 RichTextBox 控件中打开通过通用"打开"对话框打开的文本文件。

(2) savefile 方法

savefile 方法能够将 RichTextBox 控件中的文档保存为 RTF 文件或文本文件,格式如下:

对象.savefile(文件标识符[,文件类型])

例如,RichTextBox1. savefile("c:\my\test. txt",rtfTEXT),表示将 RichTextBox 控件中的文档以 RTF 格式保存在 C 盘 my 文件夹的 test. txt 文件中。

2. 常用格式化属性

RichTextBox 控件提供了一些属性,可对该控件中任何部分的文本使用不同的格式。例如,可以将文本变为粗体或斜体等。表 6-18 中列出了常用的格式化属性。

表 6-18 RichTextBox 格式化属性

分 类	属 性	值类型	说 明
选中文本	selText,selstart,sellength		同 Text 对应属性
字体、字号	selfontname,selfontsize		同 Text 对应属性
字型	selbold,selitalic,selunderline,selstrikethru	逻辑量	斜体、粗体、下划线、删除线
上、下标	selcharoffset	整型	>0—上标;<0—下标(以 twip 为单位)
颜色	selcolor	整型	
缩排	selindent,selrightindent,selhangingindent	数值型	缩排单位由 scalemode 决定
对齐方式	selalignment	整型	0—左,1—右,2—中

6.4　独立实践——多文档图片查看器

设计一个多文档图片查看器如图 6-34 所示,可以打开多个图片文档,并可以对多个文档窗口进行排列,各菜单如图 6-35、图 6-36 和图 6-37 所示。

图 6-34　多文档图片查看器

图 6-35　多文档图片查看器—文件菜单

图 6-36　多文档图片查看器—编辑菜单

图 6-37　多文档图片查看器—窗口菜单

6.5 小 结

本项目通过多文档文本编辑器的制作,主要讲解了以下几个方面的知识:

1. 多文档界面 MDI。
2. 制作菜单栏。
3. 制作工具栏和状态栏。
4. 使用通用对话框。

6.6 习 题

1. 选择题

(1) 如果要向工具箱中加入控件的部件,可以利用"工程"菜单中的( )命令。

    A. 引用   B. 部件   C. 工程属性   D. 加窗体

(2) 下列叙述中正确的是( )。

    A. 在 MDI 应用程序中,每一个子窗体的菜单都显示在子窗体中

    B. 在多文档应用中,每次可以有几个活动的子窗体进行输入/编辑

    C. VB 6.0 的每一个窗体和控件都存在一个预定义的事件集

    D. 改变窗体的标题也就是改变其属性窗口中的 Name 属性

2. 上机题

(1) 利用动态增加控件的方法动态增加菜单项。效果如图 6-38 所示。

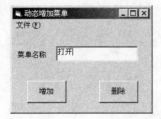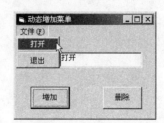

图 6-38 动态增加菜单项

(2) 利用公共对话框控件编写如图 6-39 所示的对应应用程序。

(3) 制作一个状态栏,在属性中添加 4 个窗格,分别显示当前时间、日期、鼠标所在的 X 及 Y 坐标值,如图 6-40 所示。

(4) 设计"学生管理信息系统"主界面菜单,如图 6-41 所示。

图 6-39　颜色对话框示例

图 6-40　显示时间等信息的状态栏

图 6-41　学生管理信息系统主界面

项目 7　Office 办公自动化编程

本项目学习目标
- 掌握 Visual Basic 6.0 添加可引用的对象库的方法
- 掌握 Visual Basic 6.0 中 OLE 的应用
- 掌握 Office 办公自动化的概念
- 掌握在 Visual Basic 6.0 中通过 OLE 对 Office 等大型办公软件的自动化编程方法

　　在 Visual Basic 6.0 的日常应用中，经常会碰到这样的问题，能不能在自己的程序中融入其他大型软件，特别是诸如 Microsoft Office 的 Word，Excel，PowerPoint，Outlook 等办公软件的功能呢？Visual Basic 6.0 中的 OLE Automation 通过这些程序提供的编程接口（包括函数和方法等），可以很容易地得到那些大型软件的强大功能，大大地扩展了程序的实用性。本项目将通过在 VB 6.0 中用 MS Office Outlook 自动发送邮件程序的制作，来学习 OLE 与大型办公软件的衔接和对数据库的操控。

7.1　项　目　分　析

　　Microsoft Office 是我们办公中经常使用的大型软件之一，本节将利用 Visual Basic 6.0 中的 OLE Automation 功能在 Office 的邮件服务软件 Outlook 中新建一封邮件，然后通过一个 Office 中的 Access 数据库的协助，利用 OLE 实现一个邮件列表，给在数据库中的客户都被发送了一封确认信。程序主界面如图 7-1 所示。要想使这个例子能够正常地工作，计算机上必须安装有 Outlook。因为必须告诉 Visual Basic 6.0 什么是"Outlook. Application"对象，所以必须为应用程序建立一个对 Outlook 对象库的引用，这样就告诉了 Visual Basic 6.0 在哪儿能够找到 OLE 服务器。在这

图 7-1　用 Outlook 给客户发邮件

个例子中，OLE 服务器就是 Outlook，而客户端就是 VB 6.0 应用程序。

7.2 操作过程

1. 界面设计

控件框架如图 7-2 所示。

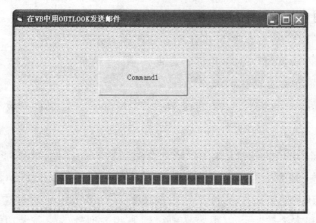

图 7-2　控件框架图

其创建步骤为：

（1）运行 Visual Basic 6.0 后，选择【新建工程】/【标准 EXE】菜单命令，单击【确定】按钮。

（2）程序将创建一个名为"Form1"的工程窗口，用鼠标选中，然后按住左键将窗口拖放到合适的大小，这也是将来程序主窗口的大小。

（3）选择【工程】/【部件】/【控件】菜单命令，选择其中的 Microsoft Windows Common Controls 6.0. 单击"应用"按钮后再单击"关闭"按钮。

（4）为工程添加 Microsoft Outlook 和 Microsoft DAO 这两个对象库的引用。DAO 对象库能够让你操作 Microsoft 的 Jet 数据库引擎。选择【工程】/【引用】菜单命令，在弹出的对话框中选择 Microsoft Outlook 和 Microsoft DAO 这两个对象库，然后再单击【确定】按钮。

（5）从工具栏中向工程窗口添加 1 个 Commandbutton 控件和 1 个 Progressbar 控件。

（6）排列好控件并调整大小后，得到大致如图 7-2 所示的程序界面。

2. 设置对象属性

用 Outlook 发送邮件，程序设置界面中对象的属性的步骤为：

（1）选中 Form1 窗体，在属性窗口中找到 Caption 项，将其由"Form1"改为"在 VB 6.0 中用 Outlook 发送邮件"。

（2）将 Command1 的长度和宽度进行适当的调整，将它的 Caption 属性设置为"发送邮件"。将 Font 属性设置为"宋体"、"加粗"，大小调整为合适。

（3）将控件 Progressbar1 的长度和宽度进行适当的调整，认为符合美观即可。许多类似的外观属性并没有强制性的规定，读者只需将其尽量设计得美观一些便可以了。

各个对象的属性设置如表 7-1 所示。

表 7-1　各对象属性

对　　象	属　　性	属　性　值
Form1	Caption	在 VB 6.0 中用 Outlook 发送邮件
Commandbutton 1	Caption	发送邮件
	Font	宋体＋小三＋加粗
Progressbar1	Height	400
	Width	5500

3. 数据库设计

数据库中的 main 表的设计如图 7-3 所示。

图 7-3　数据库 main 表设计图

main 表其创建步骤为：

（1）运行 Microsoft Office Access 后，选择【文件】/【新建】菜单命令。

（2）选择【新建文件】/【空数据库】菜单命令，在弹出的对话框中，首先选择将数据库文件存放的文件夹，并为数据库起名（可任意取名），单击"创建"按钮。

（3）在弹出的【Test：数据库】对话框中，双击【使用设计器创建表】按钮。

（4）在弹出的【表 1：表】对话框中，在"字段名称"的第一项输入 num，【数据类型】选择【自动编号】。其余的字段名称分别为：name、email、tel、city，它们的数据类型都可以设为"文本"类型。

（5）单击工具栏上的【保存】按钮，在弹出的对话框中输入表 1 的名称 main，以后就使用这个名称来对这个数据表进行操作。再单击【确定】按钮，在弹出的询问是否设置主键的对话框中，单击【否】按钮。

（6）双击【main】表，在弹出的对话框中输入一定量的测试数据后，关闭该表。

（7）将 Access 数据库全部关闭后，数据库的设计和建立工作就全部完成了。

4. 代码实现

```
'首先建立一个函数,用来在 Outlook 中新建一封邮件
Public Function CreateMessage()
'建立对 Outlook 中对象的引用
      Dim objOutlook As New Outlook.Application
      Dim objOutlookMsg As Outlook.MailItem
'建立新邮件
      Set objOutlookMsg=objOutlook.CreateItem(olMailItem)
      objOutlookMsg.Display
      Set objOutlook=Nothing
      End Function
'Command1 的 Click 事件
Private Sub Command1_Click()
      Dim Dbs As Database
      Dim Rst As Recordset
      Dim objOutlook As New Outlook.Application
      Dim objOutlookMsg As Outlook.MailItem
'打开数据库
      Set Dbs=OpenDatabase("c:\Contacts.mdb")
      Set Rst=Dbs.OpenRecordset("Contacts")
      Rst.MoveFirst
      ProgressBar1.Visible=True
'对数据表中的每个数据进行操作
      Do Until Rst.EOF
      ProgressBar1.Value=Rst.PercentPosition
'建立新的邮件
Set objOutlookMsg=objOutlook.CreateItem(olMailItem)
      With objOutlookMsg
'给出收信人的邮件地址
      To=Rst!Email
'给出邮件的主题
Subject="Address Check"
'邮件的正文部分
      .body="Dear" & Rst!Title & " " & Rst!LastName & vbNewLine & vbNewLine
      .body= .body & "This is an email to confirm your address. "
      .body= .body & "Please check the address below to make sure "
      .body= .body & "that it is correct" & vbNewLine & vbNewLine
      .body= .body & Rst!Address & vbNewLine & Rst!City & vbNewLine
      .body= .body & Rst!StateOrProvince & vbNewLine & Rst!PostalCode
```

```
        .body= .body & vbNewLine & Rst!Country & vbNewLine & vbNewLine
        .body= .body & "Tel: " & Rst!PhoneNumber
        .Importance=olImportanceHigh
        .Send
    End With
'取消对对象的引用
Set objOutlookMsg=Nothing
    Rst.MoveNext
    Loop
    ProgressBar1.Visible=False
'取消对对象的引用,这一步很重要
    Set objOutlook=Nothing
'关闭数据库
Dbs.Close
    MsgBox "Auto Email Complete", vbInformation
    Set Dbs=Nothing
    Set Rst=Nothing
    End Sub
```

在单击【发送邮件】按钮后,所有在数据库中的客户都被发送了一封确认信,可以通过检查发件箱来证实。

7.3　相　关　知　识

1. OLE 自动化概述

OLE(Object Link Embeded)技术是 Microsoft 的核心应用技术,只有彻底洞察其理论精髓,才能以不变应万变。

(1) 过去的 OLE 和今天的 OLE

作为 COM 技术前身的 OLE,其最初含义是指在程序之间链接和嵌入对象数据。它提供了建立混合文档的手段,使得那些没有太多专业知识的用户能够很容易地协调多个应用程序完成混合文档的建立。1991 年制定的 OLE1.0 规范主要解决多个应用程序之间的通信和消息传递问题,微软希望第三方开发商能够遵守这个规范,以使在当时的 Windows 平台上的应用程序能够相互协调工作,更大地提高工作效率。然而事与愿违,只有很少的软件开发商支持它。为此,微软于 1993 年发布了新的规范——OLE2.0,它在原有的基础上完善并增强了以下各方面的性能。

① OLE 自动化:一个程序有计划地控制另一个程序的能力。

② OLE 控件:小型的组件程序,可嵌入到另外的程序,提供自己的专有功能。

③ OLE 文档:完善了早期的混合文档功能,不仅支持简单链接和嵌入,还支持在位激活、拖放等功能。

强大的功能使得很多的开发商开始支持新的 OLE 技术,因为微软在 OLE2.0 中建立了一个称为 COM(Component Object Model,组件对象模式)的新规范。

(2) OLE 应用及相关名词

① 容器:容器是一个客户程序,它具有申请并使用其他 COM 组件通过接口为其他程序实现的功能。

② 服务器:服务器通过特定的接口将自己完成的一些功能,提供给使用自己的应用程序(例如画图程序是一个文档服务器,它提供创建并编辑 BMP 图像的功能)。当打开 Word,选择【插入】/【对象...】菜单命令,可以看到系统中存在哪些文档服务器,此时的 Word 以文档容器的身份出现。

③ 在位激活:当双击插入的对象后,发现 Word 的菜单有些改变成文档服务器程序的菜单,可以在当前的环境下编辑对象,这称为在位激活。

④ 自动化:和 OLE 文档技术类似,允许一个应用程序通过编程控制另一个应用程序"自愿"提供的功能的技术称为 OLE 自动化。自身暴露一些可编程对象给其他程序的应用程序叫自动化服务器;利用并操纵自动化服务器提供的功能的应用程序叫自动化控制器。有些程序既是自动化服务器又是自动化控制器。例如在 Visual C 中我们可以通过编程创建并编辑一个 Excel 工作表,这里的 Visual C 就是自动化控制器,而创建工作表的 Excel 程序则是自动化服务器,但在 Excel 中我们又可以利用 VBA 语言创建 PowerPoint 的幻灯片,它又成了自动化控制器。利用 OLE 自动化技术可以实现软件的一次开发和多次利用,这也是集成组件的关键技术。

(3) OLE 自动化的工作方式

通信被动方(OLE 服务器)应用程序向通信主动方(OLE 客户机)应用程序提供一个以上可供其调用的 OLE 自动化对象类型,OLE 客户机通过引用这些对象实现对 OLE 服务器的调用,然后通过设置对象的属性和使用对象的方法操纵 OLE 服务器应用程序,完成两者之间的通信。

2. Office 办公自动化

办公自动化(Office Automation,OA)是将现代化办公、计算机技术和计算机网络功能紧密结合起来的一种新型的办公方式,是当前新技术革命中一个非常活跃和具有很强生命力的技术应用领域,是信息化社会的产物。

在行政机关、企事业单位工作中,是采用 Internet/Intranet 技术,基于工作流的概念,以计算机为中心,采用一系列现代化的办公设备和先进的通信技术,广泛、全面、迅速地收集、整理、加工、存储和使用信息,使企业内部人员方便快捷地共享信息,高效地协同工作;改变过去复杂、低效的手工办公方式为科学管理和决策服务,从而达到提高行政效率的目的。一个企业实现办公自动化的程度也是衡量其实现现代化管理的标准。

多年来,OA 随技术的发展而发展,随人们办公方式和习惯以及管理思想的变化而变化。在技术发展过程中的每一个阶段,人们给 OA 赋予了不同的内容和新的想象,技术与管理的进步给 OA 打下了每一步发展的历史烙印。同时,不同行业、不同层次的人对 OA 的看法和理解也各有不同。我国专家在第一次全国办公自动化规划讨论会上提出办公自动化的定义为：利用先进的科学技术，使部分办公业务活动物化于人以外的各种现代化办公设备中，由人与技术设备构成服务于某种办公业务目的的人—机信息处理系统。

为什么要实现办公自动化呢？传统的办公方式极大地束缚了人的创造力和想象力，埋没了人的智慧和潜能，使人们耗费了大量的时间和精力去手工处理那些繁杂、重复的工作，手工处理的延时和差错，正是现代化管理中应该去除的弊端。用先进的、现代化的工具代替手工作业，无疑是生产力发展的方向。OA 对传统办公方式的变革，正是适应了人们的普遍需求，也顺应了技术发展的潮流，自然成为业界追求的目标。

建立 OA 系统我们应重点从以下几个方面进行把握。

（1）技术范畴

OA 是计算机技术在办公业务中的合理应用，计算机技术是 OA 的前提。如果脱离计算机技术阔谈 OA，无异于痴人说梦。没有计算机技术，OA 便成无源之水、无本之木。计算机对信息的存储与处理能力，极大地改变了人们的办公方式，提高了工作效率。如：要建立决策支持系统，则需要数据仓库、联机分析处理 OLAP 等技术；要建立信息管理系统，则要有数据库、程序设计语言等技术；要建立事务/业务处理系统，则离不开数据库、设计良好的人机界面和工作流控制、联机事务处理 OLTP 等技术。

OA 是利用通信技术来实现人与机器、机器与机器及人与人的交流。通信技术是 OA 的基础。现代办公室不再是孤军奋战，而是一个团队的协同工作，团队中成员之间的协调、合作离不开通信技术；现代办公室也不再是闭门造车，企业需要与外界广泛地信息交流，这更离不开通信技术。没有通信技术的支持，OA 便成空中楼阁。

OA 是科学的管理思想在先进的技术手段下的物化。科学的管理思想是实现 OA 的核心。计算机技术和通信技术仅仅是为实现 OA 打下了基础。要真正实现 OA，还需物化人类思维中科学管理的内容。不体现人类管理智慧，就不会有真正的 OA，如果有，也只是技术的堆砌和摆设。

由此而知，OA 是计算机技术、通信技术与科学的管理思想完美结合的一种境界和理想。

（2）应用分类

① 面向个人通信的应用：如使用电子邮件收发信息。传统的通信方式主要是电话、传真等，这些方式在费用方面、管理方面存在很多问题。

② 面向信息共享的应用：这类应用的功能是收集、整理、发布、检索信息，向不同权限的人发布不同层次的信息。通过收集大量的信息，提供方便的检索、查询手段以及安全控制体系，为实现电子商务打下基础。

③ 面向工作流的应用：主要是用以控制、监督、加速业务进程，使得业务执行者和管理者都能清楚业务的进展，解决业务进程中所出现的阻塞和差错，促进经营业务的正常运行。

④ 面向决策支持的应用：这是信息技术中最高层次的应用，它通过采集、处理、分析前三类应用产生的结果，让企业决策层了解企业的运营状况，预测经营风险，提出决策参

考。这是 OA 应用的最终目标。

（3）选择合适的工具平台

由于 OA 实施涉及面广而杂，需求分散、零碎，我们需要一个好的工具和平台来满足各方面的需求。在选择工具和平台时，应考虑以下几个方面：

① 快速的开发能力。用所选的工具和平台能快速开发应用。

② 跨平台性。由于 OA 是一个集成的系统，所以我们开发的应用不仅能在不同硬件平台上运行，还要有跨操作系统平台、跨数据库平台的能力。

③ 与其他工具的集成能力。支持 Internet 标准、适于建立 Intranet。Internet 已经成为当前最重要的通信手段，不支持 Internet 标准，无异于把自己孤立于世界之外；建立 Intranet 已经成为业界的大势所趋。

④ 支持移动办公和异地办公。通信技术的发展使世界变得越来越小，OA 工具和平台也需适应这种变化。企业机构的分散、人员的流动、业务的多样性对移动办公和异地办公提出了越来越高的要求。

⑤ 有利于实现电子商务。电子商务已经广泛应用，我们可以通过有效的工具，迅速跟上时代的步伐。

⑥ 有利于实现知识管理。"知识经济"时代竞争的核心要素是知识，OA 系统需要而且必然需要知识管理的能力。

3. VB 6.0 操纵 Excel 的方法

Excel 是目前使用最广泛的办公应用软件之一，它具有强大的数学分析与计算功能，包括很多 VB 6.0 没有的求值数学表达式的函数和方法。由于 Excel 的应用程序对象是外部可创建的对象，所以能从 VB 6.0 应用程序内部来程序化操纵 Excel。

（1）Excel 对象模型

为了在 VB 6.0 应用程序中调用 Excel，必须要了解 Excel 对象模型。Excel 对象模型描述了 Excel 的理论结构，所提供的对象很多，其中最重要的对象，即涉及 VB 6.0 调用 Excel 最可能用到的对象有：Application（Excel 应用程序）、Workbook（工作簿）、Worksheet（工作表）、Range（单元格）、Chart（图表）。

（2）调用 Excel

在 VB 6.0 应用程序中调用 Excel，实质上是将 Excel 作为一个外部对象来引用，由 Excel 对象模型提供能从 VB 6.0 应用程序内部来程序化操纵的对象以及相关的属性、方法和事件。

① 在 VB 6.0 工程中添加对 Excel 类型库的引用

为了能从 VB 6.0 应用程序中访问 Excel 丰富的内部资源，使 Excel 应用程序运行得更快，需要在 VB 6.0 工程中添加对 Excel 类型库的引用。具体步骤如下：

• 单击【工程】/【引用】命令；

• 在【引用】对话框中选择 Excel 类型库，勾选"Microsoft Excel 11.0 Object Library"；

• 单击【确定】按钮退出。

注意：要想在 VB 6.0 应用程序中调用 Excel，你的计算机系统中必须安装 Excel。

② 引用 Application 对象

Application 对象是 Excel 对象模型的顶层，表示整个 Excel 应用程序。在 VB 6.0 应用程序中调用 Excel，就是使用 Application 对象的属性、方法和事件。为此，首先要声明对象变量：

```
Dim VBExcel As Object
```

或直接声明为 Excel 对象：

```
Dim VBExcel As Excel.Application
```

在声明对象变量之后，可用 CreateObject 函数或 GetObject 函数给变量赋值新的或已存在的 Application 对象引用。

• 用 CreateObject 函数生成新的对象引用：

```
Set VBExcel=CreateObject ("Excel.Application")
```

其中字符串“Excel. Application”是提供 Excel 应用程序的编程 ID，这个变量引用 Excel 应用程序本身。

• 用 GetObject 函数打开已存在的对象引用：

```
Set AppExcel=GetObject("SAMP.XLS")
```

上面语句打开文件 SAMP. XLS。

③ Application 对象常用的属性、方法（见表 7-2）

表 7-2　Application 对象常用的属性、方法

属性、方法	说　　明
Visible 属性	取 True 或 False，表明 Excel 应用程序是否可见
Left，Top 属性	Excel 窗口的位置
Height，Width 属性	Excel 窗口的大小
WindowState 属性	指定窗口的状态，2-Maximized（最大化）；1-Minimized（最小化）；0-Normal（缺省）
Quit 方法	退出 Microsoft Excel
Calculate 方法	重新计算所有打开的工作簿、工作表或单元格
Evaluate 方法	求值数学表达式并返回结果

实例 7-1　求值数学表达式。

```
Dim VBExcel  As Object
Set VBExcel=CreateObject ("Excel.Application")
X=VBExcel. Evaluate ("3+5* (cos (1/log (99. 9)))")
```

（3）使用 Excel 应用程序

如前所述，在 VB 6.0 应用程序中调用 Excel 应用程序，就是使用 Application 对象的属性、方法和事件。下面分类给出其中常用的属性和方法。

① 使用工作簿

Workbook 对象代表 Excel 应用程序中当前打开的一个工作簿，包含在 Workbooks 集合中。可以通过 Workbooks 集合或表示当前活动工作簿的 Active Workbook 对象访问 Workbook 对象。

Workbook 对象常用的属性和方法如表 7-3 所示。

表 7-3　Workbook 对象常用的方法

方　法	说　明
Add 方法	创建新的空白工作簿，并将其添加到集合中
Open 方法	打开工作簿
Activate 方法	激活工作簿，使指定工作簿变为活动工作簿，以便作为 Active Workbook 对象使用
Save 方法	按当前路径和名称保存现有工作簿（如是首次保存，则将其保存到默认名称）
SaveAs 方法	首次保存工作簿或用另一名称保存工作簿
Close 方法	关闭工作簿
PrintOut 方法	打印工作簿，语法为： PrintOut（from，To，Copies，Preview，Printer，ToFile，Collate） 可选参数： From：打印的起始页号。若省略将从起始位置开始打印 To：打印的终止页号。若省略将打印至最后一页 Copies：要打印的份数。若省略将只打印一份 Preview：如果为 True，则 Excel 打印指定对象之前进行打印预览；如果为 False，或省略则立即打印该对象 Printer：设置活动打印机的名称 ToFile：如果为 True，则打印输出到文件 Collate：如果为 True，则逐份打印每份副本

下面语句将活动工作簿的 2 到 5 页打印 3 份：

```
ActiveWorkbook.PrintOut From: =2 To 5 Copies: =3
```

实例 7-2　生成、保存、关闭工作簿的示例。

```
Dim VBExcel As Excel.Application
Set VBExcel==CreateObject("Excel.Application")
With VBExcel
  .Workbooks.Add
With ActiveWorkbook
  .Save As"C:\Temp \OUTPUT.XLS"
  .Close
End With
```

```
.Quit
End With
```

② 使用工作表

Sheets 集合表示工作簿中所有的工作表。可以通过 Sheets 集合来访问、激活、增加、更名和删除工作表。一个 Worksheet 对象代表一个工作表。

Worksheet 对象常用的属性、方法如表 7-4 所示。

表 7-4　Worksheet 对象常用的属性、方法

属性、方法	说　　明
Worksheets 属性	返回 Sheets 集合
Name 属性	工作表更名
Add 方法	创建新工作表并将其添加到工作簿中
Select 方法	选择工作表
Copy 方法	复制工作表
Move 方法	将指定工作表移到工作簿的另一位置
Delete 方法	删除指定工作表
PrintOut 方法	打印工作表

③ 使用单元范围

Range 对象代表工作表的某一单元格、某一行、某一列、某一选定区域或者某一三维区域。Range 对象常用的属性、方法如表 7-5 所示。

表 7-5　Range 对象常用的属性、方法

属性、方法	说　　明
Range 属性	Range（arg）(其中 arg 为样式符号)　表示单个单元格或单元格区域
Cells 属性	Cells（row, col）(其中 row 为行号,col 为列号)　表示单个单元格
ColumnWidth 属性	指定区域中所有列的列宽
Rowl3eight 属性	指定区域中所有行的行宽
Value 属性	指定区域中所有单元格的值(缺省属性)
Formula 属性	指定单元格的公式
Select 方法	选择范围
Copy 方法	将范围的内容复制到剪贴板
ClearContents 方法	清除范围的内容
Delete 方法	删除指定单元范围

④ 使用图表

Chart 对象代表工作簿中的图表。该图表既可为嵌入式图表(包含于 ChartObject 对象中)也可为分立的图表工作表。Chart 对象常用的方法如表 7-6 所示。

表 7-6　Chart 对象常用的方法

方　法	意　　义
Add	新建图表工作表,返回 Chart 对象
PrineOut	打印图表
ChartWizard	修改给定图表的属性,其语法为: ChartWizard (Source, Gallery, Format, PlotBy, CategoryLabels, SeriesLabels, HasLegend, Title, CategoryTitle, ValueTitle, ExtraTitle) 其中, Source:包含新图表的源数据的区域。如省略,将修改活动图表工作表或活动工作表中处于选定状态的嵌入式图表 Gallery:图表类型。其值可为下列常量之一:xlArea,xlBar,xlColumn,xlLine,xlPie,xlRadar,xlXYScatter, xlCombination, xl3DArea, xl3DBar、xl3DColumn, xl3DLine, xl3DPie、xl3 DSurface,xlDoughnut 或 xlDefaultAutoFormat Format:内置自动套用格式的编号。如省略,将选择默认值 PlotBy:指定系列中的数据是来自行(xlRows)还是列(xlColumns) CategoryLabels:表示包含分类标志的源区域内行数或列数的整数 SeriesLabels:表示包含系列标志的源区域内行数或列数的整数 HasLegend:若指定 True,则图表将具有图例 Title:图表标题文字 CategoryTitle:分类轴标题文字 ValueTitle:数值轴标题文字 ExtraTitle:三维图表的系列轴标题,或二维图表的第二数值轴标题

可组合使用 Add 方法和 ChartWizard 方法,以创建包含工作表中数据的图表工作表。

实例 7-3　基于工作表"Sheet1"中单元格区域"A1:A20"中的数据生成新的折线图并打印。

```
With Charts.Add
  .ChartWizard source:=Worksheets ("sheet1").Range ("a1:a20"),gallery:=xlLine,
title:="折线图表"
  .Printout
End With
```

⑤ 使用 Excel 工作表函数

在 VB 6.0 语句中可使用大部分的 Excel 工作表函数,可通过 WorksheetFunction 对象调用 Excel 工作表函数。

实例 7-4　Sub 过程用工作表函数 Min 求出指定区域中单元格的最小值,并通过消息框显示结果值。

```
Sub UseFunction()
Dim myRange As Range
Set myRange=Worksheets ("Sheet1").Range("B2:F10")
answer=Application.WorksheetFunction.Min(myRange)
MsgBox answer
End Sub
```

如果使用以区域引用为参数的工作表函数,必须指定一个 Range 对象。

实例 7-5　用工作表函数 Match 对"A1：A10"区域的所有单元格进行搜索。

```
Sub FindFirst()
my Var=Application.WorksheetFunction.Match (9, Worksheets(1).Range("A1:A10"), 0)
MsgBox myVar
End Sub
```

要在单元格中插入工作表函数,可将该函数指定为对应于 Range 对象的 Formula 属性值。

实例 7-6　将当前工作簿 Sheet1 内"A1：B3"区域的 Formula 属性指定为 RAND 工作表函数(此函数产生二个随机数)。

```
Sub InsertFormula()
Worksheets ("Sheet1" ).Range("A1:B3").Formula= "RAND()"
End Sub
```

以上简要介绍了 Excel 对象模型中部分对象及其属性和方法,更详细的信息可参阅 Excel 2003 帮助中的"Microsoft Excel Visual Basic 参考"一节的内容。实际上,Microsoft Office 家族的 Word,PowerPoint,Access 和 Project 等应用程序都可以在 VB 6.0 应用程序中调用,其原理和步骤完全相同,只是其对象模型有所不同而已。

实例 7-7　设计一个程序如图 7-4 所示,在 VB 6.0 中自动调用 Excel,并将指定的 Excel 工作簿(Workbook)中的工作表(Worksheet),复制到指定的 Excel 文件中。

分析：本题的要求是将已经存在的一个工作簿中的某个工作表进行复制,所以被复制的位置也应该是某个工作簿中的某个工作表。因此首先需要在 VB 6.0 应用程序中调用 Excel,即使用 Application 对象的属性、方法和事件,然后还要使用 Workbook 对象的各种属性和方法,最后调用 Worksheet 对象的 copy 方法,实现复制。

复制工作簿中的工作表程序创建步骤如下:

① 在 VB 6.0 工程中添加对 Excel 类型库的　图 7-4　"复制工作簿中的工作表"对话框

引用。

② 运行 VB 6.0 程序,创建一个工程,并将 Form1 的 Caption 属性改为"复制工作簿中的工作表"。

③ 在窗体中添加一个控件 Command1,在它的 Click 事件中,编写如下代码:

```
Private Sub Command1_Click()
Dim VBExcel As Excel.Application
Set VBExcel=CreateObject("Excel.Application")
With VBExcel
'打开要复制的工作表所在的工作簿
.Workbooks.Open "D:\Excel1.XLS"
'打开将工作表复制的目标工作簿
  .Workbooks.Open "E:\OUTPUT1.XLS"
  .Workbooks("1.XLS").Sheets("sheet1").Copy
  .Workbooks ("OUTPUT1.XLS").Activate
  .Workbooks("OUTPUT1.XLS").Save
  .Workbooks("Excel1.XLS").Close
  .Workbooks("OUTPUT1.XLS").Close
  .Quit
End With
End Sub
```

7.4　独立实践——读取 Word 文件数据

按照要求设计猜字母游戏,程序运行后,窗口如图 7-5 所示。

单击【选择】按钮,程序弹出一个对话框,从存储器上选择一个 word 文档,并显示在 Textbox 控件里面,此时的文档是不可以被修改的,如图 7-6 所示。

图 7-5　读取 word 文档程序运行界面

图 7-6　读取 word 文档程序运行结果

单击【修改】按钮后,程序进入可编辑修改状态;再单击【保存】按钮后,word 文档被修改并保存。

7.5　小　　结

本项目通过在 VB 6.0 程序中对 MS Office 的几个主要软件的调用,主要学习了以下知识:

1. 在 Visual Basic 6.0 如何寻找并添加可引用的对象库;

2. OLE 自动化和 Office 办公自动化的概念;

3. 如何在 Visual Basic 6.0 中使用 OLE 调用 Outlook 给数据库中的地址发邮件和调用 Excel 文件中的数据。

7.6　习　　题

1. 填空题

(1) 用来打开已存在的一个数据库文件的方法是_____。

(2) 在 VB 6.0 应用程序中调用 Excel 应用程序,就是使用_____对象的属性、方法和事件。

(3) _____对象代表 Excel 应用程序中当前打开的一个工作簿,包含在_____集合中。

(4) Chart 对象代表工作簿中的图表。其中 ChartWizard 方法的 CategoryLabels 参数表示的含义是_____。

(5) Range 对象的_____属性可以表示单个单元格或单元格区域。

2. 思考题

(1) 如何在窗体中添加一个 Progressbar 控件?

(2) 简述 OLE 自动化的作用。

(3) 简述办公自动化的意义。

(4) 简述在 VB 6.0 工程中添加对 Word 类型库的引用的具体步骤。

3. 上机题

按要求设计一个传送文件的程序。要求:读取 MS Excel 中的数据;既可以全部读取整张工作表的数据,也可以只读取指定单元格的数据。

项目8 简易网络聊天软件

本项目学习目标

- 掌握网络的相关知识
- 掌握 Visual Basic 6.0 添加 Winsock 控件的方法
- 掌握在 Visual Basic 6.0 中通过 Winsock 控件进行网络通信的编程方法

Visual Basic 6.0 不仅简单易用,而且功能强大,在网络技术开发方面也颇具特色。利用 Visual Basic 6.0 的网络控件,可以十分轻松地编制一些网络程序。这主要包括客户端的应用程序,同时也包括服务器端的应用程序。例如设计浏览器程序、发送 E-mail 程序、TCP/IP 程序、FTP 程序,以及 IIS 和 DHTML 程序。这些网络控件有些是随 Visual Basic 6.0 一起提供的,也有一些是由 Internet Explore 提供的。本章将通过着重介绍如何方便地制作网络聊天程序的方法,来学习 Visual Basic 6.0 中网络控件的添加和应用。

8.1 项目分析

随着网络的日益普及和发展,它的适时、便捷、迅速、高效带给用户极大的方便。人们可以利用网络发送即时的消息,传送各种格式的文件等。当今网络一个非常重要的应用领域,就是网民可以通过网络聊天软件来实现即时的通信,大大方便了人们的交流。本节将通过分析网络聊天软件的工作过程,用 Visual Basic 6.0 来制作简易的网络聊天软件,其客户端程序界面如图 8-1 所示,服务器端程序界面如图 8-2 所示。

图 8-1 简易网络聊天软件客户端程序

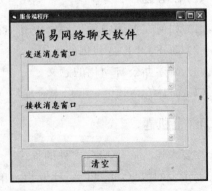

图 8-2 简易网络聊天软件服务端程序

用户首先需掌握 Visual Basic 6.0 中的用来编写网络通信的控件,那就是 Winsock 控件。它是 VB 6.0 应用程序进行网络通信、与远程计算机互联进行数据交换不可缺少的关键控件。在本案例中,将要认识这个控件的基本属性、方法和事件,并配合其他的基本输入输出控件来创建简易网络聊天程序的应用界面。

要实现网络聊大,其核心的原理就是进行网络寻呼。当客户端程序连接服务器时,通过服务器搜索所要呼叫的 ID 号码,如果检测到此用户且该用户正处于联网状态,则服务器通知此用户的客户端程序响应主叫方客户端程序,然后在主叫方和被叫方建立连接后,双方就可以聊天或进行其他的通信。在 VB 6.0 中编写聊天软件需要建立两个程序:一个为客户端程序 Client,它应可以实现网络的连接、断开,程序的退出,发送、接收消息和清空聊天内容的功能;一个为服务器端程序 Server。

本项目的功能原理类似于网上的一些聊天软件,只是在功能和外观上都较为简单。读者可根据对本项目的学习,在此基础上进行功能的扩充和完善,制作更为强大的通信软件。

8.2　操 作 过 程

1. 界面设计

简易网络聊天软件客户端程序控件框架图如图 8-3 所示。

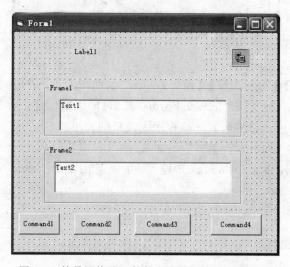

图 8-3　简易网络聊天软件客户端程序控件框架图

客户端框架创建步骤为:

(1) 运行 Visual Basic 6.0 后,选择【新建工程】/【标准 EXE】菜单命令,单击【确定】按钮。

(2) 程序将创建一个名为"工程 1-Form1"的工程窗口,用鼠标选中,然后按住左键将窗口拖放到合适的大小,这也是将来客户端程序主窗口的大小。

（3）为工程添加 Winsock 控件。选择【工程】/【部件】/【控件】菜单命令，选择其中的 Microsoft Winsock Controls 6.0，单击【应用】按钮后再单击【关闭】按钮。

（4）从工具栏中向工程窗口添加 1 个 Label 控件、2 个 Frame 控件、4 个 Commandbutton 控件和 1 个 Winsock 控件，并分别在 2 个 Frame 控件上各添加 1 个 Textbox 控件。

（5）排列好控件并调整大小。

简易网络聊天软件服务端程序控件框架如图 8-4 所示。

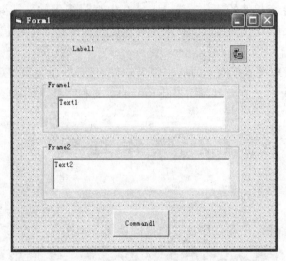

图 8-4　简易网络聊天软件服务端程序框架图

服务器端框架创建步骤为：

（1）选择【工程】/【添加工程】/【窗体】菜单命令，单击【打开】按钮。

（2）程序将创建一个名为"工程 1-Form2"的窗口，用鼠标选中，然后按住左键将窗口拖放到合适的大小，这也是将来服务端程序主窗口的大小。

（3）从工具栏中向工程窗口添加 1 个 Label 控件、2 个 Frame 控件、1 个 Commandbutton 控件和 1 个 Winsock 控件，并分别在 2 个 Frame 控件上各添加 1 个 Textbox 控件。

（4）排列好控件并调整大小。

2. 设置对象属性

简易网络聊天软件客户端程序，设置界面中对象的属性的步骤为：

（1）选中 Form1 窗体，在属性窗口中找到 Caption 项，将其由"Form1"改为"客户端程序"，并将其名称属性改为"frmClient"。

（2）将 Label1 的 Caption 属性设置为"简易网络聊天软件"，并根据需要调整它的 Font 属性中的"字体"、"大小"、"字形"等，使其美观。

（3）将 Frame1 和 Frame2 控件的 Caption 属性分别改为"发送消息窗口"和"接收消息窗口"。

（4）将 Text1 和 Text2 控件中的名称属性分别改为"txtSend"和"txtOutput"；将它们的 Multiline 属性都改选为"True"；将它们的 Scrollbars 属性都改选为第 3 个选项"2-Vertical"；并将它们的 Text 属性里面的默认值都去掉。

（5）将 Command1、Command2、Command3 和 Command4 控件的名称属性分别改为"cmdConnect"、"cmdCut"、"cmdExit"和"cmdClear"，并将它们的 Caption 属性分别改为"链接"、"断开"、"退出"和"清空"。

（6）将 Winsock1 控件的名称属性改为"tcpClient"，使 Winsock 控件在程序中不可见。

客户端程序各个对象的属性设置如表 8-1 所示。

表 8-1　客户端程序界面各对象属性

对　象	属　性	属　性　值
Form1	名称	frmClient
	Caption	客户端程序
Label1	Caption	简易网络聊天软件
	Font	华文行楷＋小三
Frame1、Frame2	Caption	分别为"发送消息窗口"和"接收消息窗口"
	Font	华文行楷＋四号
Text1、Text2	名称	分别为"txtSend"和"txtOutput"
	Multiline	True
	Scrollbars	2-Vertical
	Text	
Commandbutton1、Commandbutton2、Commandbutton3、Commandbutton4	名称	分别为"cmdConnect"、"cmdCut"、"cmdExit"和"cmdClear"
	Caption	分别为"链接"、"断开"、"退出"和"清空"
	Font	华文行楷＋四号
Winsock1	名称	tcpClient

简易网络聊天软件服务端程序设置界面中对象的属性的步骤为：

（1）选中 Form2 窗体，在属性窗口中找到 Caption 项，将其由"Form2"改为"服务端程序"，并将其名称属性改为"frmServer"。

（2）将 Label1 的 Caption 属性设置为"简易网络聊天软件"，并根据需要调整它的 Font 属性中的"字体"、"大小"、"字形"等，使其美观。

（3）将 Frame1 和 Frame2 控件的 Caption 属性分别改为"发送消息窗口"和"接收消息窗口"。

（4）将 Text1 和 Text2 控件中的名称属性分别改为"txtSenddata"和"txtOutput"；将它们的 Multiline 属性都改选为"True"；将它们的 Scrollbars 属性都改选为第 3 个选项"2-Vertical"；并将它们的 Text 属性里面的默认值去掉。

（5）将 Command1 控件的 Caption 属性改为"清空"。

（6）将 Winsock1 控件的名称属性改为"tcpServer"。

（7）程序中可见控件的外观属性并没有强制性的规定，读者只需将其尽量设计得美观一些便可以了。

各个对象的属性设置如表 8-2 所示。

表 8-2　服务端程序界面各对象属性

对象	属性	属性值
Form2	名称	frmServer
	Caption	服务端程序
Label1	Caption	简易网络聊天软件
	Font	华文行楷＋小三
Frame1、Frame2	Caption	分别为"发送消息窗口"和"接收消息窗口"
	Font	华文行楷＋四号
Text1、Text2	名称	分别为"txtSend"和"txtOutput"
	Multiline	True
	Scrollbars	2-Vertical
	Text	
Command1	Caption	清空
	Font	华文行楷＋四号
Winsock1	名称	tcpServer

3. 代码实现

（1）客户端程序的代码

```
'对 cmdConnect 按钮的 Click 事件编写代码,调用 tcpClient 控件的 Connect "方法"启动一个
连接
Private Sub cmdConnect_Click()
tcpClient.Connect
End Sub
'对 cmdCut 命令按钮的 Click 事件编写代码,调用 tcpClient 控件的 close 方法关闭连接
Private Sub cmdCut_Click()
tcpClient.Close
End Sub
'对 cmdexit 命令按钮的 Click 事件编写代码,退出程序
Private Sub cmdexit_Click()
End
End Sub
'对 cmdClear 命令按钮的 Click 事件编写代码,清空 txtSend 和 txtOutput 文本框,并将焦点置
于 txtSend
```

```
Private Sub cmdClear_Click()
txtSend.Text=""
txtOutput.Text=""
txtSend.SetFocus
End Sub
```

'客户端程序 Winsock 控件的名称是 tcpClient,通过对窗体的 Load 事件编写代码,指定远程主机可以使用的 IP 地址(例如:" 121.111.1.1")或是主机的名字并确定端口号

```
Private Sub Form_Load()
tcpClient.RemoteHost="Admin"
tcpClient.RemotePort=1001
End Sub
```

'通过对 tcpClient 控件的 DataArrival 事件编写代码,接收来自服务端程序的消息,并将其显示在 txtOutput 文本框中

```
Private Sub tcpClient_DataArrival(ByVal bytesTotal As Long)
Dim strData As String
tcpClient.GetData strData
txtOutput.Text=strData
End Sub
```

'通过对 txtSend 控件的 Change 事件编写代码,将显示在 txtSend 文本框中的内容作为待发送的消息等待服务端程序的接收

```
Private Sub txtSend_Change()
tcpClient.SendData txtSend.Text
End Sub
```

(2) 服务端程序的代码

'对 Command1 命令按钮的 Click 事件编写代码,清空 txtSenddata 和 txtOutput 文本框,并将焦点置于 txtSenddata 文本框

```
Private Sub Command1_Click()
txtSendData.Text=""
txtOutput.Text=""
txtSendData.SetFocus
End Sub
```

'服务端程序 Winsock 控件的名称是 tcpServer。通过对窗体的 Load 事件编写代码,设置本地端口的值.然后调用 tcpServer 控件的 Listen 方法并显示服务端程序的窗口

```
Private Sub Form_Load()
tcpServer.LocalPort=1001
tcpServer.Listen
frmClient.Show
End Sub
```

'通过对 tcpServer 控件的 ConnectionRequest 事件编写代码,检查控制状态是否已被关闭,在接受新的连接之前不要关闭当前连接

```
Private Sub tcpServer_ConnectionRequest(ByVal requestID As Long)
If tcpServer.State<>sckClosed Then
tcpServer.Close
tcpServer.Accept requestID
End If
End Sub
```

'通过对 tcpServer 控件的 DataArrival 事件编写代码,接收来自客户端程序的消息,并将其显示在 txtOutput 文本框中

```
Private Sub tcpServer_DataArrival(ByVal bytesTotal As Long)
Dim strData As String
tcpServer.GetData strData
txtOutput.Text=strData
End Sub
'通过对 txtSendData 控件的 Change 事件编写代码,将显示在 txtSendData 文本框中的内容作
为待发送的消息等待客户端程序的接收
Private Sub txtSendData_Change()
tcpServer.SendData txtSendData.Text
End Sub
```

8.3 相 关 知 识

8.3.1 网络基本知识

计算机网络是利用通信线路和设备,把分布在不同地理位置上、功能独立的多台计算机连接起来,再通过功能完善的相关软件,以实现计算机资源共享和信息传递的系统。

计算机网络是计算机技术与通信技术相结合的产物。无论是理论还是应用都还在不断地发展中。它的发展经历了三个阶段:第一阶段——主机—终端型远程联机系统;第二阶段——主机—主机型互联系统;第三阶段——国际标准化计算机网络。

1. 计算机网络的功能

网络主要有三方面的功能:①资源共享。这是计算机网络最突出的优点之一,包括硬件资源和软件资源的共享。②通信。网络为联网的机器提供了功能非常强大的手段。③分布式处理。网络可以将复杂的任务分配到不同的主机上来共同完成。

2. 计算机网络的组成

网络主要是由一系列节点和连接这些节点的链路所组成的。从功能上,网络可分为通信子网和资源子网两部分。

3. 计算机网络的分类

按分布范围大小网络可以分为局域网、城域网和广域网。局域网(LAN)是一种小范围内的网络。如各种校园网、企事业单位内的办公自动化网络、智能大厦内部的网络等。城域网(MAN)是较大范围内的一种网络,可以连接若干公司与一个城市。广域网(WAN)是可以不受地理限制的超大型网络集合,如互联网。

按网络所用传输介质的特性则可分为基带网和宽带网。基带网是指所用的传输介质的通频带受限制,只能传某一频带内的信号,如以太网。宽带网是指所用的介质的通频带较宽,可以在同一线路上传送不同频带的多个通道信号,如有线电视网。

还可以按传输技术分为广播式网络和点到点网络。

4. 计算机网络的拓扑结构

网络中各节点相对于其他节点的物理位置以及整个网络的形状,称为网络的拓扑结构。五种常见的计算机网络拓扑结构分别为:

① 总线型结构:在一条线路上连接了所有站点和其他共享设备。

② 星型结构:每个节点都单独用一条线路与中心相连,形成辐射状网络构型。

③ 树型结构:各节点发送的信息从根节点开始,然后逐级发送到整个网络。

④ 环型结构:各节点经过环接口连成环状构型。

⑤ 网型结构:每个节点用多条链路与其他节点相连。

5. 网络协议

在计算机网络中各节点之间需要不断地交换数据和传递控制信息。要实现协调有序的交换与传送,必须事先制定好一套规则,这套规则明确规定了节点之间相互通信、数据交换和数据管理的一系列约定。这样一套规则就称为网络协议(Protocol)或网络规程(Procedure)。通俗地讲,网络协议就是网络中计算机之间进行通信的"共同语言"。

6. TCP 与 UDP

(1) TCP(Transmission Control Protocol,传输控制协议)

TCP 是一种面向连接的、可靠的、基于字节流的运输层通信协议。在简化的计算机网络 OSI 模型中,它完成运输层所指定的功能。

该协议主要用于在主机间建立一个虚拟连接,以实现高可靠性的数据包交换。在传输模式中,在将数据包成功发送给目标计算机后,TCP 会要求发送一个确认;如果在某个时限内没有收到确认,那么 TCP 将重新发送数据包;在传输的过程中,如果接收到无序、丢失以及被破坏的数据包,TCP 还可以负责恢复。TCP 建立连接之后,通信双方都同时可以进行数据的传输。它是全双工的,在保证可靠性上,采用超时重传和捎带确认机制。

(2) UDP(User Datagram Protocol,用户数据报协议)

该协议是一种无连接的传输层协议,提供面向事务的简单不可靠信息传送服务。UDP 协议基本上是 IP 协议与上层协议的接口,适用端口分别运行在同一台设备上的多个应用程序。

由于大多数网络应用程序都在同一台机器上运行,计算机上必须能够确保目的地机器上的软件程序能从源地址机器处获得数据包,以及源计算机能收到正确的回复。这是通过使用 UDP 的"端口号"完成的。源端口号标识了请求域名服务的本地机的应用程序,同时需要将所有由目的站生成的响应包都指定到源主机的这个端口上。与 TCP 不同,UDP 并不提供对 IP 协议的可靠机制、流控制以及错误恢复功能等。由于 UDP 比较简单,比 TCP 负载消耗少。UDP 适用于不需要 TCP 可靠机制的情形。UDP 是传输层协议,服务于很多知名应用层协议,包括网络文件系统(NFS)、简单网络管理协议

(SNMP)、域名系统(DNS)以及简单文件传输系统(TFTP)。

7. 网络体系结构

网络体系结构是指网络系统的物理整体以及分层的协议集合,即网络层次结构和各层协议的整体,也就是整个网络系统逻辑上的构造和功能分配。可以说网络体系结构是网络的灵魂。

分层处理是复杂问题的一种基本方法。其特点是:①将总体功能分到不同层次,每一层次都有明确的功能;②不同系统的同等层次功能相同;③上层使用下层的服务不需要了解下层具体实现方法。分层处理可以大大降低问题的处理难度。

8.3.2　Winsock 控件

Winsock 控件对用户是不可视的,可以很容易地访问 TCP 和 UDP 网络服务。其可以被 Microsoft Access,Visual Basic 6.0,Visual C++ 或 Visual FoxPro 开发人员使用。要编写客户和服务器应用程序,不需要了解 TCP 或调用底层 Winsock API 的具体细节。通过设置 Winsock 控件的属性和调用该控件的方法,可以很容易地连接到远程计算机并进行双向的数据交换。

Winsock 控件最可能的用途是:创建客户端应用程序,它能在信息到达中央服务器之前把用户的信息收集起来;创建服务端应用程序,它能作为来自多个用户的数据一个集中处理点;创建"聊天"程序。

1. Winsock 的属性

其主要属性如表 8-3 所示。

表 8-3　Winsock 控件的主要属性

属　　性	说　　明
Protocol	通过 Protocol 属性可以设置 Winsock 控件连接远程计算机使用的协议。可选的协议是 TCP 和 UDP,对应的 VB 6.0 的常量分别是 sckTCPProtocol 和 sckUDPProtocol(Winsock 控件默认协议是 TCP)(注意:虽然可以在运行时设置协议,但必须在连接未建立或断开连接后)
SocketHandle	返回当前 socket 连接的句柄,这是只读属性
RemoteHostIP	返回远程计算机的 IP 地址。在客户端,当使用了控件的 Connect 方法后,远程计算机的 IP 地址就赋给了 RemoteHostIP 属性;而在服务器端,当 ConnectRequest 事件后,远程计算机(客户端)的 IP 地址就赋给了这个属性。如果使用的是 UDP 协议,那么当 DataArrival 事件后,发送 UDP 报文的计算机的 IP 才赋给了这个属性
ByteReceived	返回当前接收缓冲区中的字节数
State	返回 Winsock 控件当前的状态,共有 10 个值,如表 8-4 所示

表 8-4　Winsock 控件的 State 属性取值及意义

常　数	值	描　述	常　数	值	描　述
sckClosed	0	默认值，关闭	sckHostResolved	5	已识别主机
sckOpen	1	打开	sckConnecting	6	正在连接
sckListening	2	侦听	sckConnected	7	已连接
sckConnectionPending	3	连接挂起	sckClosing	8	同级人员正在关闭连接
sckResolvingHost	4	识别主机	sckError	9	错误

2. Winsock 的主要方法

① Bind 方法：用此方法可以把一个端口号固定为本控件使用，使得别的应用程序不能再使用这个端口。

② Listen 方法：Listen 方法只在使用 TCP 协议时有用。它将应用程序置于监听检测状态。

③ Connect 方法：当本地计算机希望和远程计算机建立连接时，就可调用 Connect 方法。Connect 方法调用的格式为：

```
Connect RemoteHost,RemotePort
```

④ Accept 方法：当服务器接收到客户端的连接请求后，服务器有权决定是否接受客户端的请求。

⑤ SendData 方法：当连接建立后，要发送数据就可以调用 SendData 方法，该方法只有一个参数，就是要发送的数据。

⑥ GetData 方法：当本地计算机接收到远程计算机的数据时，数据存放在缓冲区中，要从缓冲区中取出数据，可以使用 GetData 方法。GetData 方法调用格式如下：

```
GetData data,[type,][maxLen]
```

它从缓冲区中取得最长为 maxLen 的数据，并以 type 类型存放在 data 中，GetData 方法取得数据后，就把相应的缓冲区清空。

⑦ PeekData 方法：和 GetData 方法类似，但 PeekData 方法在取得数据后并不把缓冲区清空。

3. Winsock 控件主要事件

① ConnectRequest 事件：当本地计算机接收到远程计算机发送的连接请求时，控件的 ConnectRequest 事件将会被触发。

② SendProgress 事件：当一端的计算机正在向另一端的计算机发送数据时，SendProgress 事件将被触发。SendProgress 事件记录了当前状态下已发送的字节数和

剩余字节数。

③ SendComplete 事件：当所有数据发送完成时，被触发。

④ DataArrival 事件：当建立连接后，接收到了新数据就会触发这个事件。

注意：如果在接收到新数据前，缓冲区中非空，就不会触发这个事件。

⑤ Error 事件：当在工作中发生任何错误都会触发这个事件。

4. 协议的选择

当使用 Winsock 控件时，首先要确定的是使用 TCP 协议还是 UDP 协议。它们之间主要的区别在于连接状态：TCP 协议控件是一个基于连接的协议，就像电话机一样，用户必须在通话之前建立连接；UDP 协议控件是一个无连接的协议，两台计算机之间的事务处理就像传纸条一样——一台计算机向另一台计算机发送消息，但是它们之间并没有一个明确的连接路径。另外，发送的单个信息量的大小取决于网络。

通常，要创建的应用程序的类别就决定了要选择的协议。以下是几个能够帮助你选择合适的协议的问题：

① 当发送或接收数据时，该应用程序需要从服务端或客户端获得认证吗？如果要的话，那么 TCP 协议就正好需要在发送或接受数据前建立明确的连接。

② 要发送的数据量大吗？（就像图片、声音文件之类）一旦建立了连接，TCP 协议就会保持连接并保证数据的完整性。但是，这种连接会占用更多的处理器资源，成本也会更高一些。

③ 数据是陆续传输的，还是一次全部传完呢？比如，如果你要创建的应用程序在某些任务完成时会告知具体的计算机，那么选择 UDP 协议会更合适一些。UDP 协议也更适合于发送小量数据。

如果使用 TCP 创建客户应用程序，就必须知道服务器计算机名或者 IP 地址（RemoteHost 属性），还要知道进行"侦听"的端口（RemotePort 属性），然后调用 Connect 方法。如果创建服务器应用程序，就应设置一个收听端口（LocalPort 属性）并调用 Listen 方法。当客户计算机需要连接时，就会发生 ConnectionRequest 事件。为了完成连接，可调用 ConnectionRequest 事件内的 Accept 方法。建立连接后，任何一方计算机都可以收发数据。为了发送数据，可调用 SendData 方法。当接收数据时，会发生 DataArrival 事件。调用 DataArrival 事件内的 GetData 方法就可获取数据。

如果使用 UDP，为了传输数据，首先要设置客户计算机的 LocalPort 属性。然后，服务器计算机只需将 RemoteHost 设置为客户计算机的 Internet 地址，并将 RemotePort 属性设置为跟客户计算机的 LocalPort 属性相同的端口，并调用 SendData 方法来着手发送信息。于是，客户计算机使用 DataArrival 事件内的 GetData 方法来获取已发送的信息。

8.4　独立实践——远程图片收发

按照要求设计远程图片收发程序,程序运行后,窗口如图 8-5 和图 8-6 所示。

图 8-5　远程收发图片软件服务端程序

图 8-6　远程收发图片软件客户端程序

程序运行后,用户单击客户端程序中【连接】按钮,程序随即能够与服务端程序进行连接;单击【发送图片】按钮,在弹出的对话框中选择你想要发送的图片进行发送。此时在接收端会弹出对话框,提示有人发送图片,是否接收,如图 8-7 所示。若拒绝,可单击【取消】按钮,则在发送端弹出提示框,显示【对方拒绝接收图片】,如图 8-8 所示。

图 8-7　收到接收图片的请求提示

图 8-8　对方拒绝接收图片请求的提示

否则选择图片存放的路径,并将其显示在程序界面上的 Picture 控件里,如图 8-9 所示。

图 8-9　接收图片后储存并显示图片的界面

8.5　小　　结

本项目通过对简易网络聊天程序的制作,主要学习了以下几个方面的知识:

1. Winsock 控件的一些主要属性和方法。
2. 在 Visual Basic 6.0 中如何寻找并添加可引用的对象库 Winsock 控件。
3. 网络的一些基本知识。
4. 如何用 Visual Basic 6.0 编写网络应用程序。

8.6　习　　题

1. 填空题

(1) _____属性可以设置 Winsock 控件连接远程计算机使用的协议。

(2) Winsock 控件中能够返回远程计算机的 IP 地址的属性是_____。

(3) 当本地计算机希望和远程计算机建立连接时,需要使用 Winsock 控件的_____方法。

2. 思考题

（1）简述在窗体中添加 Winsock 控件的主要步骤。

（2）简述计算机网络的拓扑结构。

（3）简述 TCP 协议与 UDP 协议的主要区别。

（4）简述 Winsock 控件的主要作用。

3. 上机题

按要求设计一个传送文件的程序。要求：利用一个 TextBox 控件，通过输入对方的 IP 地址或计算机名称进行连接；程序界面尽可能友好；在发送或接收文件时都要有选择性的提示。

项目 9　学生信息数据的基本操作

本项目学习目标

- 掌握在 VB 6.0 环境下连接数据库的基本操作
- 掌握数据库操作的相关控件的属性设置
- 基本查询方式的使用
- 掌握 ADO 数据对象对数据库的基本编辑命令

本项目主要以 ADO 数据模型为例,介绍 Visual Basic 6.0 开发数据库应用程序的基本方法。本项目通过使用 ADO 控件实现对前述课程建立的学生管理数据库的连接,使用数据绑定控件 DataGrid 浏览数据库中的记录,以数据控件和数据对象两种方式实现对数据库记录的查询、添加、删除及修改等操作,达到理解与掌握如何在 VB 6.0 环境下对数据库的操作。

9.1　项 目 分 析

在本项目中,我们引用前述课程中已经建立的"学生管理"数据库,通过在窗体添加数据控件和定义 ADO 数据对象两种方式来实现对数据的基本操作。

1. 使用数据控件方法的设计界面

通过添加有关数据库操作的 ADO 数据控件,创建 ADO 控件实例以及对其属性的设置,实现对具体数据表的连接;并添加 DataGrid 控件实例,设置其相应属性,实现对数据的绑定,从而完成对数据表记录显示与基本编辑操作。设计基本界面如图 9-1 所示。

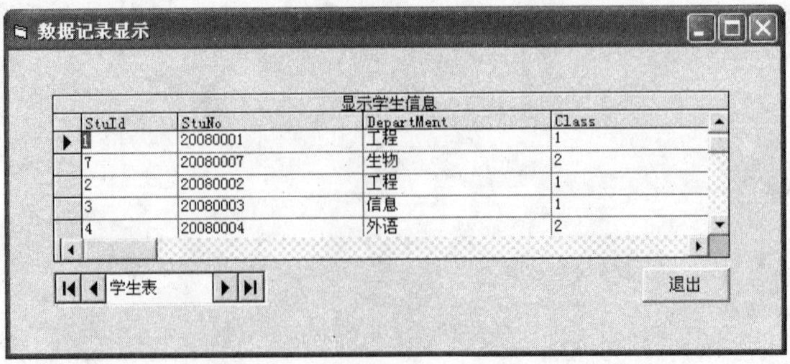

图 9-1　使用 ADO 数据控件方式连接数据库的基本界面

用户可以单击 ADODC 控件左右两端的箭头,实现简单的查询;或者在显示数据的 DataGrid 控件上定位,进行更新操作。在运行结束时,VB 6.0 的数据控件会自动保存用户所做的更新。

2. 使用数据对象的方式

利用数据对象的属性、方法,以代码的方式实现学生的信息添加、删除及修改操作。通过与第一种方法的比较,要明确数据对象的属性、方法的应用。

其基本界面设计如下:

① 主界面。主窗体的设计界面如图 9-2 所示。

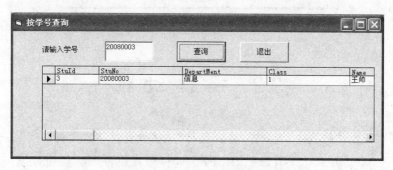

图 9-2 使用数据对象方法的主窗体

② 单击图 9-2 主窗体中的【查询】按钮,弹出如图 9-3 所示的【按学号查询】窗口,可以使用学号进行查询。

图 9-3 【按学号查询】窗口

③ 单击图 9-2 主窗体中的【添加】按钮,弹出如图 9-4 所示的【添加学生信息窗体】窗口,可以保存用户在文本框输入的内容到数据表。

④ 单击图 9-2 主窗体中的【删除】按钮,弹出如图 9-5 所示的【删除数据】窗口,可以将选择出来的数据删除掉。

⑤ 单击图 9-2 主窗体中的【修改】按钮,弹出如图 9-6 所示的【修改数据】窗口,可以根据条件确定修改的范围。

基本界面设计分析结束,下面给出其详细的操作过程。

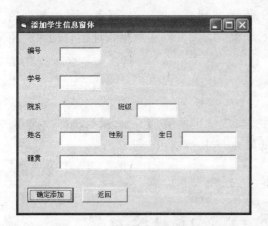

图 9-4 【添加学生信息窗体】窗口

图 9-5 【删除数据】窗口

图 9-6 【修改数据】窗口

9.2 操 作 过 程

在本项目的操作过程中,主要按"界面设计"、"属性设置"和"代码实现"三个主要步骤进行,在每一步骤中对应 9.1 节说明的"使用 ADO 数据控件"和"使用数据对象"两种操作方式。

提示:在本部分的操作过程中,通过案例分析提到的两种方法的比较,读者要明确其基本操作方法,增强对概念的理解、过程的掌握。

1. 界面设计

(1) 使用 ADO 数据控件方式的界面设计

使用 ADO 数据控件方式的界面设计的基本步骤如下:

① 运行 Visual Basic 6.0 后,在弹出的【新建工程】对话框中选择【标准 EXE】命令,单

击【确定】按钮。

② 因为 ADO 控件及 DataGrid 数据绑定控件不属于工具箱里的默认控件,所以要将其添加进工具箱:可单击【工程】/【部件】命令,弹出如图 9-7 所示的对话框。

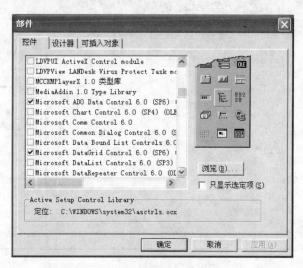

图 9-7　添加 ADO、DataGrid 控件

③ 选中"Microsoft ADO Data Control 6.0"和"Microsoft DataGrid Control 6.0"选项,然后单击【确定】按钮。工具箱里前后的变化分别如图 9-8 与图 9-9 所示。

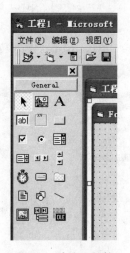

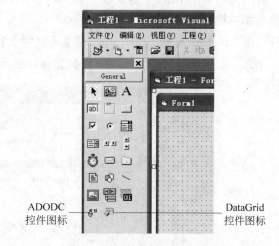

图 9-8　默认工具箱

图 9-9　添加控件后工具箱的变化

④ 在 Form1 窗体中依次添加 ADODC1 和 DataGrid1 这两个控件实例,调整大小及位置。

⑤ 再添加一个命令按钮,准备编写其 Click 事件退出程序,初始窗体如图 9-10 所示。

(2) 使用 ADO 数据对象方法

使用 ADO 数据对象方法的基本界面设计步骤如下:

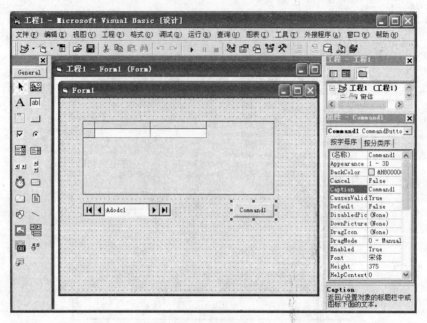

图 9-10　使用 ADO 控件操作方法的初始窗体

① 运行 Visual Basic 6.0 后,在弹出的【新建工程】对话框中选择【标准 EXE】命令,单击【确定】按钮。

② 在主菜单中单击【工程】/【部件】命令,选中"Microsoft DataGrid Control 6.0"选项,然后单击【确定】按钮。

③ 在 VB 6.0 菜单中单击【工程】/【引用】命令,选中 "Microsoft ActiveX Data Objects 2.5 Library",增加对 ADO 数据类型的引用,如图 9-11 所示。

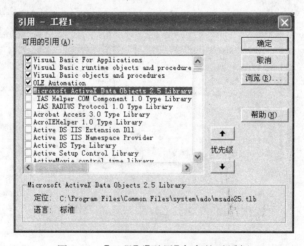

图 9-11　【工程】/【引用】命令的对话框

④ 在窗体中创建一个 DataGrid1 控件和 5 个命令按钮,如图 9-12 所示。

⑤ 在【工程资源管理器】中右击【窗体】项,添加 Form2 窗体,参照项目分析所设计的

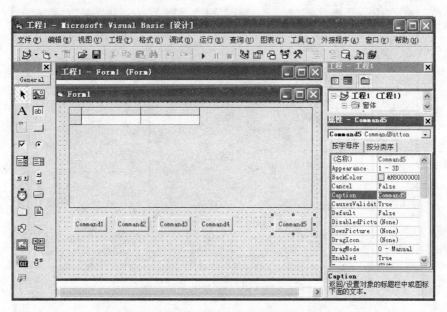

图 9-12　使用 ADO 对象方法操作的初始界面

界面,设计【查询】窗体,如图 9-13 所示。

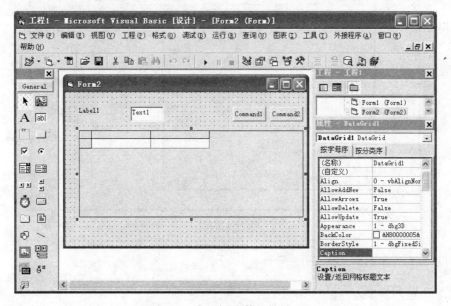

图 9-13　【查询】窗体初始界面

⑥ 在【工程资源管理器】中右击【窗体】项,添加 Form3 窗体,参照项目分析所设计的界面,设计【添加】窗体,如图 9-14 所示。

⑦ 在【工程资源管理器】中右击【窗体】项,添加 Form4 窗体,参照项目分析所设计的界面,设计【删除】窗体,如图 9-15 所示。

⑧ 在【工程资源管理器】中右击【窗体】项,添加 Form5 窗体,参照项目分析所设计的

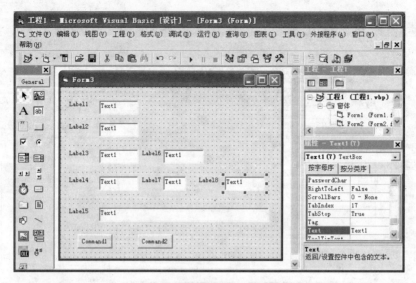

图 9-14　【添加】窗体的初始界面

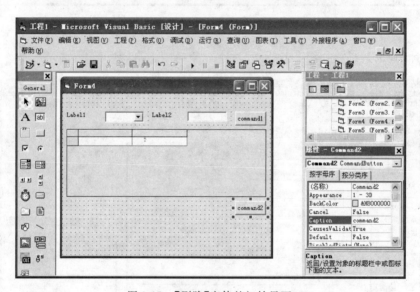

图 9-15　【删除】窗体的初始界面

界面,设计【修改】窗体,如图 9-16 所示。

2. 设置对象属性

(1) 使用 ADO 控件方法的对象属性设置

对照图 9-10 所示的设置界面,对各对象的属性进行设置(只设置相关的属性,其他属性参考教材前述内容):

① 选中 Form1 窗体,在属性窗口中找到 Caption 属性,将其由 Form1 改为"数据记录显示"。

② 选中 adodc1 对象,将其 Caption 属性项由 adodc1 改为"学生表"。

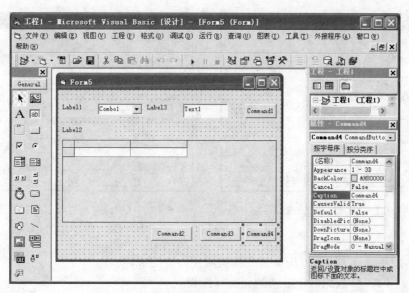

图 9-16 【修改】窗体的初始界面

③ 右击 adodc1 对象,在弹出的快捷菜单中选择【ADODC 属性】项,弹出如图 9-17 所示的【属性页】对话框。

④ 在【通用】选项卡中单击【使用 ODBC 数据资源名称】单选按钮,在下拉列表中选择 student(此数据源的名称是我们事先建立好的,具体见相关知识部分),如图 9-18 所示。

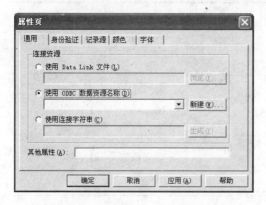

图 9-17 ADO 控件【属性页】对话框

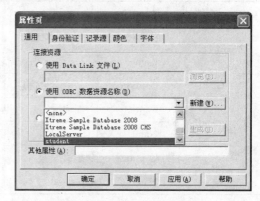

图 9-18 在【使用 ODBC 数据资源名称】中找到
用户建立的数据源名称

⑤ 在 ADO 控件的【属性页】的【记录源】选项卡中确定命令类型,在【命令类型】下拉列表中选择【2-adCmdTable】项,如图 9-19 所示。

⑥ 选择数据表。在【表或存储过程名称】下拉列表中选择 sutdent,如图 9-20 所示,最后单击【确定】按钮返回。

⑦ 设置 DataGrid1 对象的属性:在属性窗口中将 Caption 属性值设置为"显示学生信息";Datasource 属性值选择为 Adodc1;AllowAddNew、AllowDelete 和 AllowUpdate 均设置为 True。

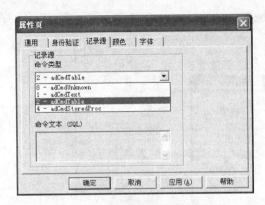 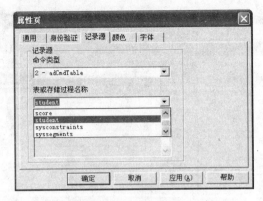

图 9-19　在【属性页】的【记录源】标签中　　　图 9-20　【表或存取过程名称】下拉列表中
　　　　　确定命令类型　　　　　　　　　　　　相关的数据表

至此,使用 ADO 控件方法操作的相关属性设置完成。

(2) 使用 ADO 数据对象方法的相关属性设置

因为本部分的主要内容是使用 ADO 数据对象的方式实现对数据库的操作,所以在下列各表中只列出对应窗体必要的对象属性值,其他属性将参考教材前几个项目的内容或在代码中实现。

① 使用 ADO 对象方法操作图 9-12 的初始界面的相关属性设置见表 9-1。

表 9-1　使用 ADO 对象方法操作初始界面的属性设置

窗体/控件	属　性	值	窗体/控件	属　性	值
Form1	Caption	数据记录显示	Command3	Caption	删除
	Name	Maifrm		Name	Delcmd
DataGrid1	Caption	显示学生信息	Command4	Caption	修改
Command1	Caption	查询		Name	Updcmd
	Name	Selcmd	Command5	Caption	退出
Command2	Caption	添加		Name	Exicmd
	Name	Inscmd			

② 使用 ADO 对象方法操作图 9-13 的【查询】窗体的相关属性设置见表 9-2。

表 9-2　使用 ADO 对象方法操作【查询】窗体的相关属性设置

窗体/控件	属　性	值	窗体/控件	属　性	值
Form2	Caption	按学号查询	Command2	Caption	退出
	Name	Selfrm		Name	Subexicmd
Command1	Caption	查询	Label1	Caption	请输入学号
	Name	Subselcmd			

③ 使用 ADO 对象方法操作图 9-14 的【添加】窗体的相关属性设置见表 9-3。

表 9-3 使用 ADO 对象方法操作【添加】窗体的相关属性设置

窗体/控件	属 性	值	窗体/控件	属 性	值
Form3	Caption	添加学生信息窗体	Label2	Caption	学号
	Name	Insfrm	Label3	Caption	院系
Command1	Caption	确定添加	Label4	Caption	姓名
	Name	Subinscmd	Label5	Caption	籍贯
Command2	Caption	返回	Label6	Caption	班级
	Name	Subbakcmd	Label7	Caption	性别
Label1	Caption	编号	Label8	Caption	生日

④ 使用 ADO 对象方法操作图 9-15 的【删除】窗体的相关属性设置见表 9-4。

表 9-4 使用 ADO 对象方法操作【删除】窗体的相关属性设置

窗体/控件	属 性	值	窗体/控件	属 性	值
Form4	Caption	删除数据	Command2	Caption	返回
	Name	Delfrm		Name	Subbakcmd
Command1	Caption	删除	Label1	Caption	删除项目
	Name	Subdelcmd	Label2	Caption	

⑤ 使用 ADO 对象方法操作图 9-16 的【修改】窗体的相关属性设置见表 9-5。

表 9-5 使用 ADO 对象方法操作【修改】窗体的相关属性设置

窗体/控件	属 性	值
Form5	Caption	修改数据
	Name	Updfrm
Label1	Caption	输入确定修改的记录
Label2	Caption	显示确定的数据后直接修改,最后分"确定","撤销"返回
Label3	Caption	初始为空
Command1	Caption	选定
	Name	Sublfiltercmd
Command2	Caption	确定修改
	Name	Subupdcmd
Command3	Caption	撤销修改
	Name	Subrolcmd
Command4	Caption	返回
	Name	Subbakcmd

3. 代码实现

（1）使用 ADO 控件方法的代码

在经过对图 9-10"使用 ADO 控件操作方法的初始窗体"的属性设置后，用户不需要编写任何代码，直接运行即可得到图 9-1 的运行界面，这个简单界面就具有对数据的基本显示、编辑功能了：用户可以单击 ADODC1 控件实例左右两端的箭头，实现简单的查询；或者在显示数据的 DataGrid 控件上定位；对数据进行更新操作。在运行结束时，VB 6.0 的数据控件会自动地保存用户所做的更新。

注意：由此已经可以看出 VB 6.0 数据控件的简洁性。但同时又有所不足：比如，使用 ADODC 控件左右两端的箭头移动记录还是太简单，如果用户的数据量很大，这种办法明显不足；另外，要想在 DataGrid 控件上直接实现记录的插入或修改，还需另外设置其属性（见相关知识部分的数据绑定控件），所以，要想建立使用更友好、更直观的应用界面，还必须有效使用能与用户更好交互的编程方式来实现——那就是使用 ADO 数据对象的方式。

（2）使用 ADO 数据对象方法的相关代码

① 首先建立公共模块 module1，在其中声明 3 个全局变量。

```
Public Conn As ADODB.Connection        'Conn 为对数据库的连接
Public Rs As ADODB.Recordset           'Rs 为数据记录集
Public sqlstr As String                '准备 SQL 命令字符串
```

② 在主窗体 Maifrm 中的 Form_Load()事件编码，对主窗体上的 DataGrid1 控件实例做初始化设置连接工作。

```
Set Conn=New ADODB.Connection          '定义 Connection 对象实例
Set Rs=New ADODB.Recordset             '定义 Recordset 对象实例
Conn.Open "dsn=student;uid=sa;pwd="    '利用 open 方法的参数设置，建立连接
Conn.CursorLocation=adUseClient        '设置 Conn 属性
Rs.LockType=adLockOptimistic
Rs.CursorLocation=adUseClient
Rs.CursorType=adOpenKeyset
Rs.Open "select * from student", Conn  '建立记录集
DataGrid1.AllowAddNew=False
DataGrid1.AllowDelete=False
DataGrid1.AllowUpdate=False            '此处通过这三个属性值的设定，不允许在控件上
                                        直接编辑数据
Set datagrid1.datasource=Rs            '绑定数据源，使 DataGrid1 控件显示数据源数据
DataGrid1.Refresh                      '刷新数据连接
```

③ 主窗体 Maifrm 中的【退出】按钮的 Exicmd_Click()事件代码如下：

```
If  Conn.state=adstateopen Then Conn.close
Set Conn=nothing
If  Rs.State=adStateOpen Then Rs.Close
Set Rs=Nothing                         '关闭 Conn 及 Rs 对象，释放其所占系统资源
Unload Me
```

④ 主窗体 Maifrm 中【查询】按钮的 Selcmd_Click()事件代码如下：

```
selfrm.show                               '将查询窗体命名为 Selfrm,调用 Show 方法
```

下面是查询数据窗体 Selfrm 中的相关代码。

- 查询窗体 Selfrm 的 Form_Load()事件代码如下：

```
'此部分的 Form_Load()事件代码是为了在查询窗体显示时所有数据记录也显示在窗体的
DataGrid1 控件上
If Rs.State=adStateOpen Then Rs.Close
sqlstr="select * from student"
Rs.CursorLocation=adUseClient
Rs.Open sqlstr, Conn, adOpenStatic, adLockReadOnly
                                          '因为是查询操作,所以设定为"只读"打开类型
Set DataGrid1.DataSource=Rs
```

- 查询窗体 Selfrm 中【查询】按钮的 Subselcmd_Click()事件代码如下：

```
If Trim(Text1.Text="") Then               '判断文本框是否为空
    MsgBox "请输入学号!", vbOKOnly+vbExclamation, "警告"
    Text1.SetFocus                        '设为焦点,输入内容
Else                                      '动态设定 DataGrid1 数据控件的数据源
    sqlstr="select * from student where stuno='" & Text1.Text & "'"
    Set Rs=New ADODB.Recordset
    Rs.CursorLocation=adUseClient
    Rs.Open sqlstr, Conn, adOpenStatic, adLockOptimistic
    If Rs.RecordCount=0 Then
      MsgBox "没有这个学生,请重新输入!", vbOKOnly+vbExclamation, "警告"
      Text1=""
      Text1.SetFocus                      '没查找到,则使用户重新输入
    End If
    Set DataGrid1.DataSource=Rs
    DataGrid1.Refresh
End If
```

- 查询窗体 Selfrm 中【退出】按钮的 Subexicmd_Click()事件代码如下：

```
'在相应操作窗体返回时,对主窗体 Maifrm 的数据绑定控件进行刷新
Unload Me
Maifrm.Show
If Rs.State=adStateOpen Then Rs.Close
sqlstr="select * from student"
Rs.CursorLocation=adUseClient
Rs.Open sqlstr, Conn, adOpenStatic, adLockReadOnly
                                    '在主窗体不允许对数据操作,所以设定为"只读"打开类型
Set Maifrm.DataGrid1.DataSource=Rs
Maifrm.DataGrid1.Refresh
```

⑤ 主窗体 Maifrm 中【添加】按钮的 Inscmd_Click()事件代码如下：

```
Insfrm.show
```

下面是添加数据窗体 Insfrm 中的相关代码。

- 添加数据窗体 Insfrm 的【确定添加】按钮的 Subinscmd_Click()事件代码如下：

```
If Rs.State=adStateOpen Then Rs.Close
Rs.Open "select * from student", conn, adOpenStatic, adLockOptimistic
Set Maifrm.DataGrid1.DataSource=Rs        '因为此窗体没有显示数据控件,所以
                                          '连接 main 窗体的 DataGrid 控件
If Rs.RecordCount<>0 Then Rs.MoveLast
Rs.AddNew
For i=0 to 7
  Rs.Fields(i)=Text1(i).Text              'Insfrm 窗体中使用控件数组
Next
Rs.Update
Maifrm.DataGrid1.Refresh
For i=0 To 7
  Text1(i).Text=""                        '一条记录添加后,清空 Text1,方便用户再次输入
Next
Text1(0).Setfocus
```

- 添加数据窗体 Insfrm 中【返回】按钮的 Subbakcmd_Click()代码如下：

```
'在相应操作窗体返回时,对主窗体 Maifrm 的数据绑定控件进行刷新
Unload Me
Maifrm.Show
If Rs.State=adStateOpen Then Rs.Close
sqlstr="select * from student"
Rs.CursorLocation=adUseClient
Rs.Open sqlstr, Conn, adOpenStatic, adLockReadOnly
                        '在主窗体不允许对数据操作,所以设定为"只读"打开类型
Set Maifrm.DataGrid1.DataSource=Rs
Maifrm.DataGrid1.Refresh
```

⑥ 主窗体 Maifrm 窗体【删除】按钮的 Delcmd_Click()事件代码如下：

```
delfrm.show
```

下面是删除数据窗体 Delfrm 中的相关代码。

- 删除数据窗体 Delfrm 的 Form_Load()事件代码如下：

```
Combo1.AddItem ("stuno")
Combo1.AddItem ("name")
Combo1.AddItem ("class")
Combo1.AddItem ("department")              '填充组合框内容

If Rs.State=adStateOpen Then Rs.Close      '判断 Rs 的打开状态
s="select * from student"                  '设置命令字符串,使用表中的数据打开记录集
Rs.Open s, Conn, adOpenKeyset, adLockOptimistic, adCmdText    '打开动态记录集合
Set DataGrid1.DataSource=Rs
DataGrid1.Refresh                          '刷新数据
```

- 删除数据窗体 Delfrm 的 Combo1_Click()事件代码如下：

```
Label2.Caption="="
Text1.Text=""
Text1.SetFocus
```

- 删除数据窗体 Delfrm 中【删除】按钮的 Subdelcmd_Click()事件代码如下：

```
s1="delete from "                                       '命令字符串前部
s2=" where " & Combo1.Text   & "='" & Trim(Text1.Text) & "'"   '命令条件
a=MsgBox("确定删除吗?", vbOKCancel+vbExclamation, "注意")
                                           '给出是否删除的提示信息
    If a=vbOK Then
      Do Until Rs.EOF
        s=s1 & "student" & s2                '形成 SQL 命令字符串
        Conn.Execute s
                   '调用 connectiong 对象 Conn 的 execute 方法执行 SQL 的删除操作命令
        Rs.MoveNext                          '定位记录指针位置
      Loop
      MsgBox "已经删除", vbInformation, "注意"
    Else
      MsgBox "删除被撤销", vbExclamation, "注意"
    End If
If Rs.State=adStateOpen Then Rs.Close          '判断 Rs 的打开状态
Rs.Open "select * from student", conn, adOpenKeyset, adLockOptimistic, adCmdText
Set DataGrid1.DataSource=Rs
DataGrid1.Refresh                             '删除记录后刷新数据绑定控件的内容
```

- 删除数据窗体 Delfrm 中【返回】按钮的 Subbakcmd_Click()事件代码如下：

```
'在相应操作窗体返回时,对主窗体 Maifrm 的数据绑定控件进行刷新
Unload Me
Maifrm.Show
If Rs.State=adStateOpen Then Rs.Close
sqlstr="select * from student"
Rs.CursorLocation=adUseClient
Rs.Open sqlstr, Conn, adOpenStatic, adLockReadOnly
                   '在主窗体不允许对数据操作,所以设定为"只读"打开类型
Set Maifrm.DataGrid1.DataSource=Rs
Maifrm.DataGrid1.Refresh
```

⑦ 主窗体 Maifrm 中【修改】按钮的 Updcmd_Click()事件代码如下：

```
updfrm.show
With Updfrm.DataGrid1            'updfrm 窗体中 DataGrid1 相关属性,设置为允许更新
   .AllowAddNew=True
   .AllowDelete=True
   .AllowUpdate=True
End With
```

- 修改窗体 Updfrm 的 Form_Load()事件代码如下：

```
Combo1.AddItem ("stuno")
Combo1.AddItem ("name")
```

203

```
Combo1.AddItem ("class")
Combo1.AddItem ("department")
If Rs.State=adStateOpen Then Rs.Close          '此条件的判断注意应用,
                                               '则有时会弹出 Rs 不允许操作的错误提示
sqlstr="select * from student   "
Rs.CursorLocation=adUseClient          'Rs.CursorLocation 属性值要设置为 adUseClient
Rs.Open sqlstr, Conn, adOpenStatic, adLockBatchOptimistic
Set DataGrid1.DataSource=Rs
DataGrid1.Refresh                      '数据绑定控件内容刷新。刷新后直接在其上修改数据
```

- 修改窗体 Updfrm 的 Combo1_Click 事件代码如下:

```
Label3.Caption="="
Text1.Text=""
Text1.SetFocus
```

- 修改窗体 Updfrm 中【选定】按钮的 Subfiltercmd_Click()事件代码如下:

```
If Rs.State=adStateOpen Then  Rs.Close          '此条件的判断注意应用,
                                                '否则有时会弹出 Rs 不允许操作的错误提示
sqlStr="select * from student where " & Combo1.Text & " like '" & Trim(Text1.Text) & "'"
Rs.CursorLocation=adUseClient          'Rs.CursorLocation 属性值要设置为 adUseClient
Rs.Open sqlStr, Conn, adOpenKeyset, adLockBatchOptimistic
Set DataGrid1.DataSource=Rs
DataGrid1.Refresh                      '数据绑定控件内容刷新。刷新后直接在其上修改数据
```

- 修改窗体 Updfrm 中【确定修改】按钮的 Subupdcmd_Click 事件代码如下:

```
Rs.UpdateBatch                         '因为选定的是【确定修改】按钮,所以保存修改
```

- 修改窗体 Updfrm 中【撤销修改】按钮的 Subrolcmd_Click 事件代码如下:

```
Rs.CancelBatch                         '因为选定的是【撤销返回】按钮,所以撤销批量修改
```

- 修改窗体 Updfrm 中【返回】按钮的 Subbakcmd_Click 事件代码如下:

```
'在相应操作窗体返回时,对主窗体 Maifrm 的数据绑定控件进行刷新
Unload Me
Maifrm.Show
If Rs.State=adStateOpen Then Rs.Close
sqlstr="select * from student"
Rs.CursorLocation=adUseClient
Rs.Open sqlstr, Conn, adOpenStatic, adLockReadOnly
                                '在主窗体不允许对数据操作,所以设定为"只读"打开类型
Set Maifrm.DataGrid1.DataSource=Rs
Maifrm.DataGrid1.Refresh
```

9.3 相 关 知 识

虽然用户在实例中没有书写太多的代码,但本例中包含若干知识点需要注意理解掌握。

9.3.1 数据库相关概念

数据库技术最大程度地实现了数据共享,极大地提高了数据的管理效率和使用效率。具体开发时有多种系统可以选择。一般利用 Office 中 Access 就可以开发小型的应用系统了;另外,Microsoft 的 SQL Server 系统也是一个被广泛应用的数据库开发系统。Visual Basic 6.0 将 Windows 的各种优秀特性与数据库管理功能结合起来,提供了对数据库系统强有力的支持,为使用数据库提供了广泛的、多种多样的数据访问途径。以前的课程已经学过,此处只简单提几个概念及相关的 SQL 操作命令。

SQL Server 中学生管理库中的学生表 student 及其表结构分别如图 9-21 及图 9-22 所示。

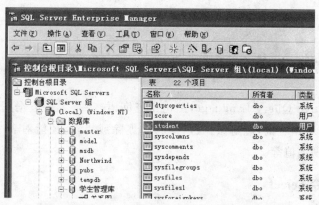

图 9-21 SQL Server 中的 student 表及 score 表

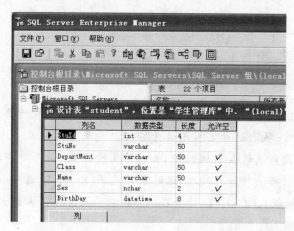

图 9-22 student 表结构

1. 表

表是构成数据库的基本元素,一个数据库由一个或多个表组成。表以二维表格形式来表示,是由行和列组成的数据集合。表在我们生活中随处可见,如学籍表、课程表、选课表等。

2. 记录

记录指表中的一行。在图 9-1 中,每个学生所拥有的一行信息就是一个记录。在一个表中不允许有重复的记录,即每个记录都是唯一的。

3. 字段

表中每一列就是一个字段,每个字段都有相应的字段名、数据类型和取值范围。"学生情况表"中的"学号"列就是一个字段实例。

4. 联系

联系是指建立在两个表之间的关联,在关系数据库里同样以二维表的形式表示。

9.3.2 数据操作命令

SQL(Structured Query Language,结构化查询语言)是关系数据库管理系统的标准语言,可用来进行数据查询,能对数据进行插入、删除或更新,还能对表中数据进行统计,如求和、计数、求平均值等。

1. 查询命令 Select

Select 命令是 SQL 语言中实现数据查询任务的命令,其语法格式如下:

```
Select  [all|distinct] <字段列表>
from<数据表>
[where<选取条件>]
[order by<排序字段名>[asc|desc]]
```

注意:

- Select 子句指定查询后要显示的项。其中"字段列表"指所要查询的字段表达式的列表,多个字段表达式之间用逗号分隔。如果查询涉及多个表,最好在字段前面冠以该字段所属的表名做前缀,如:学生情况表.学号。字段表达式表中可以使用函数对数据进行加工处理,这时最好选用[as 别名]选项。常用的函数包括:AVG(求平均值)、COUNT(计数)、SUM(求和)、MAX(求最大值)、MIN(求最小值)等。
- 可选项 ALL 和 DISTINCT 表示查询的结果是否可以包含重复的记录。
- FROM 子句指明查询使用的表,多个表时需用逗号隔开。
- WHERE 子句指明查询的条件,可以包含两种类型的条件:连接条件和筛选条件。如果从单个表中提取数据,此查询条件表示筛选记录的条件;如果查询涉及多个表,此查询条件除了要包含筛选条件外,还应该加上多个表的连接条件。通常表是利用公共字段进行连接的。

- ORDER BY 子句指定查询结果依照"排序字段名"进行排列。选项 ASC 表示升序,DESC 表示降序。

下面将举例说明。示例中用到的数据表涉及学生情况表、成绩表。

实例 9-1 查询籍贯是"北京"的学生信息。

```
Select *
from student
where  NativePlace="北京"
```

提示:命令语句可以写在一行,如:

```
Select * from student where NativePlace="北京"
```

分行写只是为了突出不同子句。

要查看表中所有字段,Select 子句可将字段逐一列出,也可直接将其替换为通配符"*",该例就采用了这种简便方法。

实例 9-2 查询所有已选修了课程的学生清单,不允许有重复值,结果按学号升序排列。

```
Select distinct 学号
from score
order by stuno asc
```

提示:一个学生可选修多门课程,若不加以限制,在结果中会出现重复值,因此,在本例中使用 distinct 选项来消除重复值,使其只出现一次。

实例 9-3 统计籍贯为"北京"的学生数量。

要实现计数功能,需用 COUNT 这一统计函数,命令如下:

```
Select count(*) as 数量
from student
where NativePlace="北京"
```

实例 9-4 查询学号为"20061001"学生选修的课程名称、分数及其籍贯。

```
Select cource,score,nativeplace
from score,student
where student.stuno="20061001" and student.stuno=score.stuno
```

提示:由题意可知,该例涉及 student 和 score 两个表,两表都有 stuno 这一公共字段,因此两表的连接条件就是 student. stuno=score. stuno。

2. 插入命令 Insert

SQL 语言中实现数据插入功能的命令为 Insert,其语法格式如下:

```
Insert into<表名>[(<列名1>) [,<列名2>…])] values(<值>)
```

实例 9-5 在成绩表中插入一行新的记录。

```
Insert into score(stuno,cource,score) values('20080012','编译原理',52)
```

3. 数据删除命令 Delete

可以使用 Delete 命令来删除数据表中的一行或多行记录,语法格式如下:

```
Delete from<表名>[ where<条件>]
```

实例 9-6 删除学号为"20080002"的学生相关信息。

```
Delete from student where stuno="20080002"
```

4. 数据更新命令 Update

Update 命令可以用来更新表中指定记录和字段的数据,语法格式如下:

```
Update <表名>
set<列名>=<表达式>[,<列名>=<表达式>]
```

实例 9-7 将学号为"20080004"同学的"离散数学"这门课程的成绩改为 90。

```
Update score
set score.score=90
where cource="离散数学" and stuno="20080004"
```

9.3.3 数据控件

在 Visual Basic 6.0 中,要建立与数据库的连接,可采用的技术手段很多。本项目我们主要学习以 ADO 数据控件、数据对象两种方式进行。

1. 两种主要的数据控件

(1) Data 控件

Data 控件是 Visual Basic 6.0 中的一个内置数据控件,可以通过设置 Data 控件的 Connect、DatabaseName、RecordSource 属性实现对数据库的连接和访问。

（2）ADODC 控件

ADODC 控件是一个 ActiveX 控件，它使用 Microsoft ActiveX Data Objects（ADO）
创建到数据库的连接，可以快速建立数据绑定控件和数据提供者之间的连接，并且有作为
一个图形控件的优势（具有"向前"和"向后"按钮），以及一个易于使用的界面，允许用最少
的代码来创建数据库应用程序，所以微软公司建议使用此控件创建到数据库的连接。

ADO 数据控件的图标是 🔛，当置于窗体中时，其图像是 🔘🔘Adodc1🔘🔘，默认时不在工具
箱中，在使用之前，必须将其添加到工具箱中，如前面的图 9-3 所示。其主要属性如表 9-6
所示。

表 9-6　ADO 数据控件的常用属性

名　　称	说　　明
Caption	控件的标题
ConnectionString	确定控件所连接的数据源，包含进行连接所需的参数
CommandType	设置 Recordset 的数据源类型
Recordset	Recordset 对象
RecordSource	这个属性通常是一条 SQL 语句或一个数据库表，用于确定数据源具体内容

注意：要使用 ADO 控件的这些属性需要详细了解其含义，而其参数的选择与 ADO
数据对象的一致，所以我们合并到 ADO 数据对象中介绍，可以更好地掌握。

9.3.4　数据源

ADO 是基于全新的 OLE DB 技术，OLE DB 可对电子邮件、文本文件、复合文件、数
据表等各种各样的数据通过统一的接口（即数据源名称）在不同环境下进行存取，而图 9-6
中我们选择的 student 数据源名称就是用户自己事先建立好的。

1. 数据源的定义

VB 6.0 环境下对数据源的定义有两种常用的方法。

（1）单击控件属性中的【新建】按钮。

单击控件属性中的【新建】按钮定义数据源具体的操作步骤如下：

① 当在 VB 6.0 环境中创建了 ADO 对象后，右击对象，在弹出的快捷菜单中单击
【ADODC 属性】命令，打开如图 9-18 所示的【属性页】对话框，单击【新建】按钮，弹出如图
9-23 所示的【创建新数据源】对话框，选中【文件数据源（与机器无关）】单选按钮。

② 单击【下一步】按钮，在弹出的图 9-24 中注意选择数据源的驱动程序。因为我们
准备连接的是 SQL Server 数据库，所以在其中选择 SQL Server 项。

③ 单击【下一步】按钮，弹出如图 9-25 所示的窗体，在文本框中输入 student；或单击
【浏览】按钮，查看已经建立的数据源（其扩展名是.dsn）。

图 9-23 【创建新数据源】对话框

图 9-24 选择数据源的驱动程序

图 9-25 输入新数据源名称

④ 单击图 9-25 的【下一步】按钮,弹出如图 9-26 所示的【创建新数据源】对话框。

⑤ 单击【完成】按钮后,进入【创建到 SQL Server 的新数据源】的设置对话框,如图 9-27 所示,在其中可以添加描述信息(可以省略),选择 SQL Server 服务器,在此选择本地

图 9-26 【创建新数据源】的完成窗口

(local)服务器。

图 9-27 【创建到 SQL Server 的新数据源】的对话框

⑥ 单击图 9-27 中的【下一步】按钮,弹出如图 9-28 所示的对话框,确定登录服务器的验证方式。

图 9-28 选择验证方式

⑦ 单击图 9-28 中的【下一步】按钮,弹出如图 9-29 所示的对话框,在【更改默认的数据库为】对应的下拉列表中确定所使用的数据库名称。

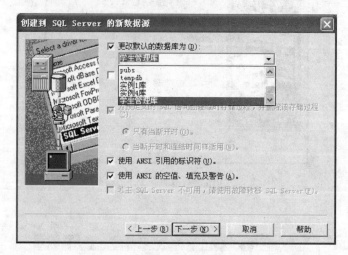

图 9-29　确定使用的数据库名称

注意:要在如图 9-29 所示的【更改默认的数据库为】的下拉列表框中确定数据源所要连接的数据库。

⑧ 单击图 9-29 中的【下一步】按钮,弹出如图 9-30 所示的对话框,其中的各项设置一般采用默认值即可。

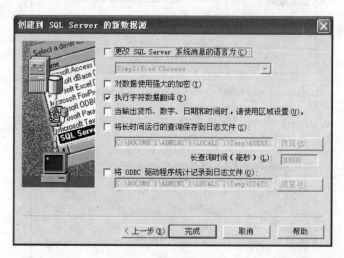

图 9-30　完成对话框

⑨ 单击图 9-30 的【完成】按钮后,弹出最终的完成对话框,如图 9-31 所示。

⑩ 在图 9-31 中,可以单击【测试数据源】按钮,让系统测试其是否配置成功。测试成功的对话框如图 9-32 所示。

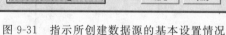

图 9-31　指示所创建数据源的基本设置情况　　图 9-32　显示测试成功对话框

在新建数据源系列操作完成后，新建的数据源名称就会出现在如图 9-18 所示的"使用 ODBC 数据资源名称"单选按钮的下拉列表中，用户就可以选择使用了。

（2）利用控制面板中的数据源

在 Windows 操作系统环境下，也可以事先将数据源建好，然后在 VB 6.0 环境中就可以直接引用了。

利用操作系统的控制面板定义数据源具体的操作步骤如下：

① 打开 Windows 系统的控制面板，如图 9-33 所示，找到【管理工具】项。

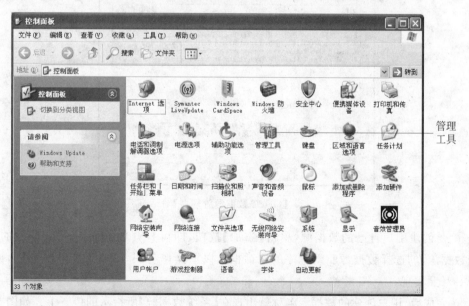

图 9-33　【控制面板】中的选项

② 双击图 9-33 中的【管理工具】项，打开如图 9-34 所示的【管理工具】窗体。

图 9-34 【管理工具】窗体

③ 在图 9-34 中双击【数据源】项，打开【ODBC 数据源管理器】对话框，如图 9-35 所示。

图 9-35 【ODBC 数据源管理器】对话框

④ 要创建用户自己的数据源，单击【添加】按钮，即可打开如前面图 9-23 所示的【创建新数据源】的选择数据源驱动程序的对话框。以下操作与图 9-24 至图 9-32 相同，读者可一一对照实现。

⑤ 完成后，用户创建的数据源名称就出现在【系统数据源】所指示的位置上。如图 9-36 所示，用户建立的 student 数据源出现在名称下，则在 VB 6.0 系统中就能够利用 ADO 数据对象进行操作了。

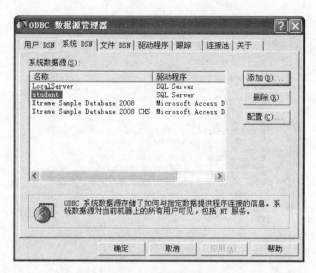

图 9-36　新建数据源出现在名称列表项中

（3）使用连接字符串

ADO 连接数据库数据源既可以通过上边的建立数据源的方式来完成，也可以通过另外一种方式"使用连接字符串"，这种方式在使用 ADO 对象访问数据库时也是一种重要的方法，因此在下边使用 ADO 数据对象时要注意到这种格式。

"使用连接字符串"定义数据源具体的操作步骤如下：

① 在窗体上添加一个 ADO 数据控件后，右击该控件，在随后弹出的对话框中选择【ADODC 属性】，弹出【属性页】对话框，如图 9-37 所示。

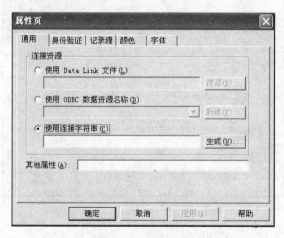

图 9-37　【属性页】对话框【通用】选项卡

② 在【属性页】对话框中选中【使用连接字符串】单选按钮，单击【生成】按钮，打开【数据链接属性】对话框，如图 9-38 所示。如果是连接 SQL Server 数据库，在【提供程序】选项卡中，选择 Microsoft OLE DB Provider for ODBC Drivers 项；如果是连接 Access 的 .mdb 数据库，则选择 Microsoft Jet 4.0 OLE DB Provider 项。

图 9-38 【数据链接属性】对话框【提供程序】选项卡

③ 确定驱动程序后,单击【下一步】按钮,弹出如图 9-39 所示的【选择数据源】对话框(在此对话框中可以选已经存在的数据源,其文件扩展名为.dsn)。

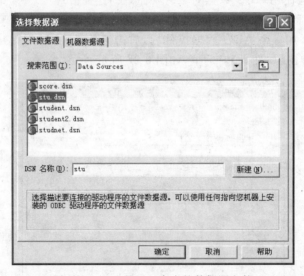

图 9-39 显示的已经存在的数据源文件

④ 也可以在图 9-39 单击【新建】按钮,弹出图 9-40 所示的【创建新数据源】对话框。

⑤ 在图 9-40 选择驱动程序名称,单击【下一步】按钮,在图 9-41 中输入文件源名称。

⑥ 单击【下一步】按钮,得到如图 9-42 所示【创建新数据源】对话框。

⑦ 单击【完成】按钮,回到如图 9-38 所示的【数据链接属性】对话框,打开【连接】选项卡,选中【使用连接字符串】单选按钮,如图 9-43 所示。

图 9-40 【创建新数据源】对话框

图 9-41 输入文件源名称

图 9-42 基本的数据源信息

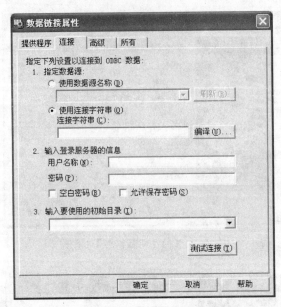

图 9-43 【数据链接属性】对话框【连接】选项卡

⑧ 单击【编译】按钮,在弹出的如图 9-44 所示的【选择数据源】对话框中选择自己前边建立的数据源;然后在弹出如图 9-45 所示的【SQL Server 登录】中单击【确定】按钮(或者输入数据库系统中的用户名称和登录密码),则得到的连接字符串出现在如图 9-46 所示的【数据链接属性】对话框中对应的文本框中。

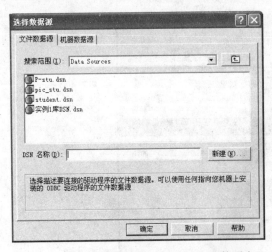

图 9-44 刚建立的数据源文件出现在文件项中

图 9-45 确定"SQL Server 登录"的方式

⑨ 再单击图 9-46 中【输入要使用的初始目录】的下拉列表框,选择所需的数据库,根据需要输入用户名称和登录密码,如图 9-47 所示。

⑩ 单击【测试连接】按钮,若显示"测试连接成功",则表示 ConnectionString 属性设置成功,否则就表示连接失败。连接成功后,单击【确定】按钮,返回【属性页】对话框,如图 9-48 所示,生成的字符串出现在【使用连接字符串】单选按钮对应的位置上。

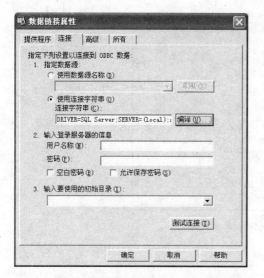

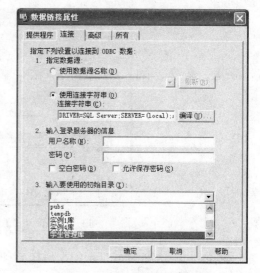

图 9-46　【数据链接属性】中的"连接字符串"　　　　图 9-47　选择初始数据库

（4）记录源设置

提示：无论在图 9-48 中【连接资源】使用哪种选项,【记录源】的操作部分都相同。

【记录源】设置的具体操作步骤如下：

① 打开如图 9-48【属性页】中的【记录源】选项卡,如图 9-49 所示。

② 在【命令类型】(CommandType)的下拉列表框中确定命令类型的方式。其中有四种方式可供选择。图 9-49 所示的是选择了 adCmdText(SQL 命令语句)的命令类型。

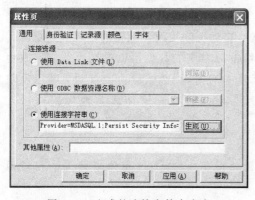

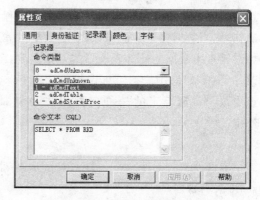

图 9-48　生成的连接字符串内容　　　　　图 9-49　【记录源】选项

③ 如果选择的是 SQL 命令语句,则会在其下方要求输入命令文本,如图 9-49 所示。如果选择的是 2-adCmdTable(数据表)命令类型,则会要求在如图 9-50 所示的对话框中确定【表或存储过程名称】。

注意：在使用 ADO 控件的属性设置连接字符串时,一般可以采用默认的环境可以支持连接使用,而在以后使用 ADO 数据对象、用代码的方式书写连接时要明确表达式中各参数的主要形式。

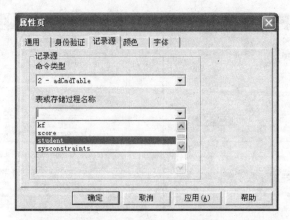

图 9-50 【记录源】选项卡中选择相应表

设置好 ADO Data 控件的主要属性后,可通过 ADO Data 的 Recordset 对象的属性和方法来操作数据库中的数据。

9.3.5 数据绑定

ADO Data 控件主要用于连接数据源,要想显示、编辑数据源中的数据,还得使用一些绑定控件。数据绑定控件是一般控件中具有数据绑定特性的控件。体现数据绑定特性的主要属性有 DataSource、DataField,分别指示绑定的数据源和数据字段。

数据绑定为应用程序提供了一种简单而一致的方法来显示数据以及与数据交互,是在应用程序与业务逻辑之间建立连接的过程。如果绑定具有正确设置并且数据提供正确通知,则当数据更改其值时,绑定到数据的元素会自动反映更改。数据绑定可能还意味着如果元素中数据的外部表现形式发生更改,则数据源对应的数据可以自动更新以反映更改。例如,如果用户编辑绑定控件 TextBox 元素中的值,则数据源值会自动更新以反映该更改。数据绑定的一种典型用法是将服务器数据放置到窗体或其他应用程序控件中。

实例 9-8 使用一个 ADO Data 控件进行数据库连接,通过窗体中的文本框显示 score 表的内容。

具体的操作步骤如下:

① 在 Visual Basic 6.0 中建立一个标准 EXE 工程。

② 在空窗体上添加控件:4 个 Label、4 个 TextBox 以及 1 个 ADO Data 控件 Adodc1。各控件的属性设置如表 9-7 所示。

③ 运行工程,结果如图 9-51 所示。分别单击 ADO 数据控件上的左右箭头移动记录指针,可以看到对应的记录数据依次显示在窗体上的文本框中。

在实例 9-8 中,只使用了文本框来绑定数据,实际上 VB 6.0 提供了很多的数据绑定控件,可以简单地将其分为以下两类。

表 9-7 各控件主要属性设置

控 件	属 性	值
Text1	DataSource	adodc1
	DataField	StuNo
Text2	DataSource	adodc1
	DataField	Name
Text3	DataSource	adodc1
	DataField	Cource
Text4	DataSource	adodc1
	DataField	Score
Adodc1	Caption	成绩表
	ConnectionString	Provider＝MSDASQL. 1；PersistSecurityInfo＝False；Extended Properties＝"DRIVER＝SQLServer；SERVER＝chu；APP＝VisualBasic；WSID＝CHU；DATABASE ＝学生管理库；Trusted_Connection＝Yes"
	CommandType	adCmdTable
	RecordSource	Score

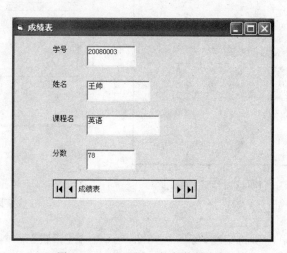

图 9-51 ADO Data 控件使用实例

1. 内部绑定控件

这类控件是默认在工具箱中且具有绑定特性的控件，一共有 7 个，分别是：CheckBox、Label、TextBox、ComboBox、ListBox、PictureBox 和 ImageBox。对于这些控件一般只设置 DataSource、DataField 属性即可。

2. 外部绑定控件

这类控件默认并不在工具箱中,必须通过单击【工程】/【部件】命令来添加。这里只介绍常用的 3 个支持 ADO 数据绑定的控件:DataGrid、DataCombo、DataList。

(1) DataGrid 控件

DataGrid 控件使用起来很简单,只要将其 DataSource 属性设置为一个有效的数据源,在运行时就会自动获取数据并以表格的形式显示出来。此外,DataGrid 控件常用的属性还有 AllowAddNew、AllowDelete 和 AllowUpdate,分别用来控制是否允许用户通过该控件添加、删除和修改记录。这些属性的设置可以在属性窗口中进行,也可以在【属性页】对话框中进行。【属性页】对话框是通过在窗体中选中并右击 DataGrid 控件,在弹出的快捷菜单中选择【属性】命令打开的,如图 9-52 所示。

前面的例题中我们设置的 DataGrid 控件的 AllowAddNew、AllowDelete、AllowUpdate 属性,在此属性窗体中都有对应。

一般 DataGrid 控件在设计时不显示字段名,但是可以选中并右击它,在弹出的快捷菜单中选择【检索字段】命令,使它显示出数据源中的字段,如图 9-53 所示。

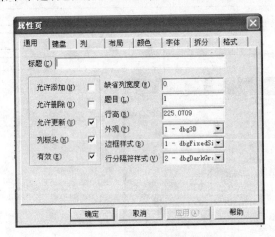

图 9-52　DataGrid 控件【属性页】对话框

图 9-53　DataGrid 通过【检索字段】获取字段信息

要想改变表格中各列的宽度,可以选择图 9-53 中的【编辑】菜单项,然后借助鼠标完成。处于编辑状态的 DataGrid 还可以通过插入行、删除行等操作来改变布局,这也是通过选择快捷菜单中的相应选项实现的,如图 9-54 所示。

(2) DataCombo 和 DataList 控件

DataCombo 是一个数据绑定组合框,内容可由数据源中的一个字段填充,且可有选择地更新另一个数据源的一个相关表中的一个字段。DataCombo 在工具箱中的图标是 ▦。DataList 是一个数据绑定列表框,功能与 DataCombo 相同,图标是 ▦。

窗体中的 DataCombo 和 DataList 控件对象的初始状态如图 9-55 所示。

222

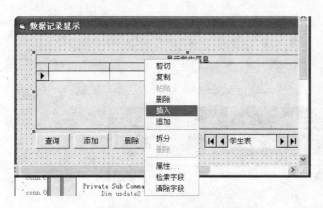

图 9-54　选择快捷菜单中的【插入】选项　　图 9-55　DataCombo 和 DataList 控件
　　　　　　　　　　　　　　　　　　　　　　　的初始样式

DataCombo 和 DataList 控件与标准列表框和组合框控件相似。另外,DataCombo 和 DataList 控件具有访问两个不同的表,并且将第一个表的数据链接到第二个表的某个字段的功能,这通过使用两个数据源完成。这种不同的特点使这两个控件在数据库应用程序中具有很强的灵活性。

DataCombo 和 DataList 控件基本属性的描述如表 9-8 所示。

表 9-8　DataCombo 和 DataList 控件基本属性描述

属　　性	描　　述
DataSource	DataList 或 DataGrid 所要绑定的数据控件名称
DataField	对应 DataSource 中所指定的记录集中的一个字段
RowSource	将在 DataList 控件中所要连接的数据
ListField	在 DataList 控件中中将要显示的字段名称
BoundColumn	确定了 ListField 属性值,BoundText 属性将返回由 BoundColumn 属性所指定的与 ListField 对应的字段的值

实例 9-9　使用一个 DataList 控件显示学生的姓名,用一个 DataGrid 控件显示成绩表的信息,要求是当在 DataList 控件中选择一个学生的姓名后,其对应的课程成绩信息就在 DataGrid 控件中显示,即实现数据表的级联查询的功能。运行界面如图 9-56 所示。

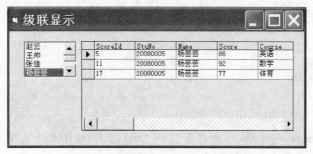

图 9-56　DataList1 选择姓名,DataGrid1 中的成绩对应

具体的操作步骤如下：

① 利用本节前面创建数据源的方法建立"学生管理库"的数据源 student。

② 在如图 9-57 所示的 VB 6.0 设计窗体中，添加 1 个 DataList 控件、1 个 DataGrid 控件，调整位置、大小。

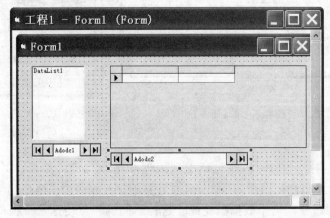

图 9-57　级联显示的基本设计界面

③ 添加 2 个 ADO Data 控件，Adodc1 对应 DataList1，Adodc2 对应于 DataGrid1，其数据源皆设置为 student。

④ 设置主要控件属性如下：

- Adodc1 控件的记录源定义为 adCmdText 命令行为 select * from student。
- Adodc2 控件的记录源定义为 adCmdText 命令行为 select * from score。
- 将 DataList1 控件的 RowSource 属性设置为 adodc1。
- 将 DataList1 控件的 ListField 属性设置为 name。
- 将 DataList1 控件的 BoundColumn 属性设置为 stuno，这样在单击 DataList 控件后，BounDText 属性将返回 ListField 属性的 name 项对应着的 stuno 字段的值，这个值将用于对成绩表 score 的查询，该查询为 DataGrid 控件提供数据。

⑤ 在 DataGrid1_Click 中添加如下相关的代码如下：

```
Dim strQ as string
strQ="select * from score where stuno=" & DataList1.BoundText
with adodc2
    .RecordSource=strQ
    .Refresh
End With
With DataGrid1
    .ClearFields
    .ReBind
End With
```

⑥ 运行界面如图 9-56 所示，当在左边的 DataList1 控件上单击某学生的名字后，在右边的 DataGrid1 控件中则显示该学生的成绩表中的对应信息。

简单地讲,ListField 属性决定该控件所"显示"的是哪一个字段,在本例中就是学生的姓名;BoundColumn 属性则决定 student 表中哪一个字段向 score 表提供所需的值。

注意:DataList 和 DataCombo 控件也可以与单个数据控件一起使用。要实现这一点,可以将 DataSource 和 RowSource 属性设置为同一个数据控件,并且将 DataField 和 BoundColumn 属性设置为该数据控件的记录集中的同一个字段,在这种情形下,将使用 ListField 的值来填充该列表,且这些值来自于被更新的同一个记录集。如果指定了一个 ListField 属性,但没有设置 BoundColumn 属性,则 BoundColumn 将自动被设置为 ListField 字段。

数据绑定控件为创建数据库应用程序提供了方便。它显示绑定到该控件的记录集字段的值,并允许编辑和添加,当记录移动时,改变的内容可以自动写入数据库。

9.3.6 ADO 数据对象

在 Visual Basic 6.0 中,在应用程序中实现数据访问有两种常用方法:一种方法是在设计时通过绑定到 ADODC(ADO 控件),如前所述;另外一种方法是在运行时,以编程方式创建数据访问对象并与之交互。

在连接数据库前,首先要在 VB 6.0 菜单中单击【工程】/【引用】命令,选择 Microsoft ActiveX Data Objects 2.8 Library,这是使用 ADO 对象模型连接数据前所必做的工作。只有做了引用工作,使用 New 命令定义数据对象时才能出现相关的 ADO 对象类型。

ADO 数据对象模型定义了一个可编程的分层对象集合,经常用到的对象为:Connection、Command、Recordset 和 Fields。其简单说明如表 9-9 所示。

表 9-9 ADO 对象模型中常用的 4 个对象说明

对　　象	说　　明
Connection(连接)	该对象主要表示与数据源的连接所需要的驱动、服务器地址、访问权限及方式等
Command(命令)	该对象包含 SQL 语句,定义了将对数据源执行的命令。这些指令通过已建立的连接来操作数据源,包括添加、删除、更新或检索数据
Recordset(记录集)	该对象表示的是来自基本表或命令执行结果的记录集,通过它可以实现数据表与 VB 6.0 界面中相关控件的交互操作
Fields(字段)	Fields 对象表示具有某数据类型的数据列

下面详细介绍其中的主要对象的属性、方法。

1. Connection 对象

使用 Connection 对象的集合、方法和属性可执行下列操作:

- 在打开连接前使用 ConnectionString、ConnectionTimeout 和 Mode 属性对连接进行配置。
- 设置 CursorLocation 属性以便调用支持批更新的"客户端游标提供者"。

- 使用 DefaultDatabase 属性设置连接的默认数据库。
- 使用 Provider 属性指定 OLE DB 提供者。
- 使用 Open 方法建立到数据源的物理连接；使用 Close 方法将其断开。
- 使用 Execute 方法执行对连接的命令。
- 使用 Errors 集合检查数据源返回的错误。

使用 Connection 对象的 Open 方法可以打开一个数据库连接，而 Close 方法则关闭处于打开状态的连接。

(1) 打开数据库连接

Open 方法的格式如下：

```
Connection.open connectionString , UserID, Password, Options
```

其中：

> connectionString(连接字串)：是一段描述数据源的字符串，正如前面用控件属性方法所建立的数据源字符串一样。
> UserID(用户名)：对数据源的具有访问权限的用户名。
> Password(用户密码)：对应于 UserID 的用户的数据库访问密码。
> Options(选项)：不常用，一般采用默认值即可。

Open 方法用于打开数据库连接，VB 6.0 使用 ADO 数据库可以分为有源数据库和无源数据库，即是否使用了 DSN 数据源。

- 无源的数据库连接方法如下：

```
conn.ConnectionString="Driver={sql server};server= (local) uid=sa;pwd=;database="
conn.Open
Driver={sql server}                指定驱动程序
server= (local)                    指定服务器地址 ("Local"指的是本地服务器)
uid=;pwd=;                         指定用户名和密码
database="student"                 指定数据库
```

- 有源数据库的连接的方法如下：

```
Set conn=New ADODB.Connection
conn.ConnectionString="DSN=student;uid=sa;pwd=;"
conn.Open
```

其中，student 为我们在前边建立的数据源。

(2) 关闭数据库连接

Close 方法的格式如下：

```
Connection.Close
```

Close 对象关闭一个数据库连接，没有参数。

实例 9-10 打开、关闭数据库连接。

```
Dim Conn AS New ADODB.Connection
```

```
Conn.Open "DSN=student"
Conn.Execute "INSERT student(stuno) VALUES('20080110')"    '在关闭之前执行的命令语句
Conn.Close                                                 '关闭连接
```

提示：上例首先声明一个 ADODB.Connection 对象，然后用此对象打开已经建立的 student 的数据源，假定该数据源事先已经在操作系统的 ODBC 管理中设置好。接着 Connection 对象运行一句 SQL 语句，在数据库的 student 表中插入一条字段 stuno 值为 "20080110" 的记录，最后关闭数据库连接。

字符串类型的参数因为其长度比较长，容易引起混乱。所以在 VB 6.0 程序里，可以事先存放在一个字符串类型的变量里，然后再是方法调用，如下面实例 9-11 的写法。

实例 9-11　使用字符串变量简化操作命令。

```
Dim Conn AS New ADODB.Connection
Dim strDSN AS String
Dim strSQL AS String
strDSN="DSN=student"
strSQL="INSERT student(stuno) VALUES('20080110')"
Conn.open strDSN                                           '打开连接
Conn.Execute strSQL                                        '运行 SQL 语句
Conn.Close                                                 '关闭连接
```

这样，程序就显得比较清晰明了。

2. 执行 SQL 语句

通过打开的连接执行 SQL 语句，要用到 Execute 方法。这个方法有两种形式：

① Connection.Execute CommandText, RecordsAffected, Options

这种形式不返回任何信息，如果是执行一条查询 SQL 语句（SELECT），需要从 Execute 方法返回数据集，则使用下面这种形式。

② Set Recordset=connection.Execute(CommandText, RecordsAffected, Options)

参数解释：

- CommandText：Execute 方法所执行的 SQL 语句。
- RecordsAffected：Execute 方法执行影响的记录行数。
- Options：指出 Execute 方法的操作方式。可使用下面的常量作为 Options 参数。
  - adCMDTable：被执行的字符串为一个表的名字。
  - adCMDText：被执行的字符串为一个命令文本。
  - adCMDStoredProc：被执行的字符串包括一个存储过程名。
  - adCMDUnknown：不指定字符串的内容（这是默认值）。

下面看实例 9-12 使用 Execute 方法执行一个没有返回结果的 SQL 语句。

实例 9-12 程序执行后删除 score 成绩表，不返回记录集。

```
Dim Conn AS New ADODB.Connection
Dim strDSN   AS String
Dim strSQL   AS String
strDSN="DSN=student"
strSQL="DROP TABLE score"
Conn.open strDSN
Conn.Execute strSQL            '运行 SQL 语句,因为没有返回结果,Execute 方法不使用括号
Conn.Close
```

也可以用 Execute 方法从一个查询返回结果，如实例 9-13 所示。

实例 9-13 用 Execute 方法从一个查询返回结果。

```
Dim Conn AS New ADODB.Connection
Dim strDSN   AS String
Dim strSQL   AS String
strDSN="DSN=student"
strSQL="SELECT * FROM student"
Conn.open strDSN
Set RS=Conn.Execute( strSQL)            '运行返回结果集的 SQL 语句
Conn.Close
```

在实例 9-13 中，使用 Execute 方法以返回一个 SQL SELECT 查询的结果。与实例 9-12 不同，实例 9-13 的 Execute 方法使用了括号，这个 SQL 查询的结果被读取到记录集对象的一个实例 RS 中，该记录集由 conn 的 Execute 方法自动创建。

3. Recordset 对象

Recordset 对象包含某个查询返回的数据库记录集，以及记录集中的游标(Cursor)。Recordset 对象是一个跟数据库的表相对应的结构，也可以理解成具有字段(Fields)和字段值(Value)的对象，在这些记录中可以向前一个或向后一条移动。

使用 ADO 数据对象时，通过 Recordset 对象可以对数据库数据进行操作。所有 Recordset 对象均使用记录(行)和字段(列)来进行二维的构造。

在上面实例 9-13 中，命令行"Set RS＝Conn. Execute(strSQL)"中的 RS 就是一个 Recordset 对象实例。

下面详细讲述如何使用 Recordset 对象。

(1) 用记录集显示当前记录

记录集可以用来代表表中的记录。与表一样，一个记录集包含一条或多条记录(行)，每个记录包括一个或多个域(字段)。在任何时刻，只有一条记录是当前记录。

通常使用 Recordset 对象的 MoveFirst、MoveLast、MoveNext 和 MovePrevious 方法来遍历记录集。

Recordset 对象的这 4 个方法不带参数。功能分别是为移动到第一条记录、移动到最后一条记录、向后移动一条记录和向前移动一条记录。

要创建记录集对象的一个实例,可以使用连接对象的 Execute 方法。例如实例 9-13。

(2) Recordset 对象的 EOF 及 BOF 属性

Recordset 对象的 EOF 属性标识当前记录指针是否超过了记录集的最后一条记录,BOF 属性表示当前是否处于记录集的第一条记录之前,两个属性都是逻辑型的,且为只读类型,不能赋值。

如果 Recordset 对象的 EOF 属性和 BOF 属性都为 True,代表 Recordset 对象是一个空记录,记录数目为零。记录集 RS 中的每一条记录对对应一数据表中的一条记录,要显示记录集中所有记录,要用到循环,例如实例 9-14。

实例 9-14 在列表框中显示记录集中的 StuNo 字段。

```
Dim Conn AS New ADODB.Connection
Dim strDSN   AS String
Dim strSQL   AS String
strDSN="DSN=student"
strSQL="SELECT * FROM student"
Conn.open strDSN
Set Rs=Conn.Execute( strSQL)            '运行返回结果集的 SQL 语句
While not Rs.EOF                        '使用 EOF 属性控制循环的结束
    List1.AddItem(RS("stuno"))         '将 RS 中的 stuno 属性添加到列表框中
    Rs.MoveNext                         '向后移动一条记录
Wend
Conn.Close
```

在这个例子中,While…Wend 循环用来扫描记录集 RS 中的每一条记录,把每个记录的 stuno 赋值给列表框,这段程序遍历了 student 表中的所有记录。

注意:当一个数据记录集对象中刚收集了数据时,当前记录总是第一条记录。

在实例 9-14 中,调用了记录集对象的 MoveNext 方法,使当前记录移到下一条记录。记录集对象的 EOF 属性(rs.eof)标志着记录集的末尾,当所有的记录都显示完时,EOF 属性的值将变为 True,从而退出 While…Wend 循环。

(3) Fields 属性

一个记录集对象有一个域集合,包含了一个或多个域对象。一个域对象代表数据库表中的一个特定的字段。要访问记录集 Recordset 的某个字段,既可以通过字段名,也可以通过顺序号来指定一个字段。例如,可以使用 RS("stuno")(或者写成 RS.Fields("stuno")形式)或 RS(1)来代表字段 stuno,两种方法会起到同样的效果,因为字段 stuno 对应于表中的第二个字段(第一个字段的顺序号是 0)。例如,实例 9-14 可以如下改写:

实例 9-15 记录集中字段的表示方法。

```
Dim Conn AS New ADODB.Connection
Dim strDSN   AS String
Dim strSQL   AS String
strDSN= "DSN= student"
strSQL= "SELECT * FROM student"
Conn.open strDSN
Set Rs=Conn.Execute( strSQL)
While not Rs.EOF
   List1.AddItem(Rs.Fields("stuno"))
                          '或者 Rs.Fields(1),Rs.Fields.Item("stuno"),Rs.Fields.Item(1)
   Rs.MoveNext             '
Wend
Conn.Close
```

有时候,使用顺序号来记取域中的数据是非常有用的,如本项目前面实例中添加记录的命令方式:

```
For i=0 to 7
  Rs.Fields(i)=Text1(i).Text
Next
```

另外,Fields 有一个常用属性,即 count,例如 Recordset.Fields.count 得到记录集的字段数。

实例 9-16 使用 count 返回记录集列数。

```
Dim Conn AS New ADODB.Connection
Dim strDSN   AS String
Dim strSQL   AS String
strDSN= "DSN= student"
strSQL= "SELECT * FROM student"
Conn.open strDSN
Set Rs=Conn.Execute( strSQL)
a=Rs.fields.count                          '将记录集的列数存于变量 a 中
print a
Conn.Close
```

这个属性在确定数据控件(比如 DataGrid)对象的列数时可以使用。

(4) Recordset 对象的 Open 方法

除了以上介绍的使用 Connection 对象执行 SQL 查询语句返回的集合生成 Recordset 对象外,Recordset 对象本身也提供了类似 Connection 对象的 Execute 方法和 Open 方法,同样可以执行一条 SQL 查询语句或者调用数据库的存储库的存储过程,返回数据库记录。

Recordset 对象的 Open 方法使用格式如下：

```
Recordset.Open Source, ActiveConnection, CursorType, LockType, Options
```

Open 方法的前面 Source、ActiveConnection、CursorType 和 LockType 这 4 个参数都是很常用，而且灵活性较大。

① Source（记录源）

Source 是 Open 方法需要执行的 SQL 查询语句，也可以是数据库的存储过程，还可以只是某个数据库表的表名。

如果是表名的话，Open 方法将返回该表的所有记录，相当于"SELECT * FROM student"语句。Source 具体代表何种意义，需要根据最后的 Options 定义决定。

② ActiveConnection（有效的活动的 Connection 连接对象）

ActiveConnection 可以是 Recordset 相对应的 Connection 对象，也可以是 Connection 对象的连接字符串。

如果是 Connection 对象的连接字符串，则相应的 Connection 对象将被隐式地创建，创建中所需要的参数都使用默认值。

③ CursorType（游标类型）

记录集的游标就是该记录集性质属性的标志，可以用 4 种类型的游标打开一个记录集。游标决定了可以对一个记录集进行什么操作，也决定了其他用户可以对此记录集进行什么样的改变。下面列出了游标的不同类型和限制。

- adOpenForwardOnly（仅前向游标）　使用仅前向游标，只能在记录集中向前移动。
- adOpenKeyset（关键字游标）　使用关键字游标，可以在记录集中向前或向后移动。如果另一个用户删除或改变了一条记录，记录集中将反映这个变化。但是，如果另一个用户添加了一条新记录，新记录不会出现在记录集中。
- adOpenDynamic（动态游标）　使用动态游标，可以在记录集中向前或向后移动。其他用户造成的记录的任何变化都将在记录集中有所反映。
- adOpenStatic（静态游标）　使用静态游标，可以在记录集中向前或向后移动。但是，静态游标不会对其他用户造成的记录变化有所反映。

在默认情况下，当打开一个记录集时，使用仅前向游标可以实现要求，就应该使用仅前向游标。但是，如果需要用功能更强的游标打开记录集，就需要使用动态游标了。可以使用实例 9-17 的方法。

实例 9-17　记录集 Open 方法中参数的使用。

```
Dim Conn AS New ADODB.Connection
Dim Rs AS New ADODB.Recordset
Dim strDSN AS String
Dim strSQL AS String
StrDSN= "DSN= student"
strSQL= "SELECT * FROM student"
```

```
Conn.Open strDSN
Rs.Open strSQL, Conn, adOpenDynamic                      '用动态游标打开记录集
'……
Rs.Close
Conn. Close
```

在这段代码示例中,用 Connection 对象 Conn 和一个动态游标打开了记录集 RS。

要用一种特定的游标打开记录集,必须显式地创建这个记录集,然后用该游标类型打开它,要做到这一点,首先要创建记录集对象的一个实例。接下来,要用 Open 方法,通过一个连接和一种游标类型,打开这个记录集。

④ LockType 记录集锁定类型

打开记录集时,也可以指定锁定类型。锁定类型决定了当不止一个用户同时试图改变一个记录时,数据库应如何处理。可以指定下面的 4 种锁定类型:

- adLockReadOnly 指定不能修改记录集中的记录。
- adLockPessimistic 指定在编辑一个记录时,立即锁定它。
- adLockOptimstic 指定只有调用记录集的 Update 方法时,才锁定记录。
- adLockBatchOptimstic   指定记录只能成批地更新。

在默认情况下,记录集使用只读锁定。要指定不同的锁定类型,可以在打开记录集时包含这些锁定常量之一。

实例 9-18 指定记录集打开的锁定类型。

```
Dim Conn AS New ADODB.Connection
Dim Rs AS New ADODB.Recordset
Dim strDSN AS String
Dim strSQL AS String
StrDSN="DSN= student"
strSQL= "SELECT * FROM student"
Conn.Open strDSN
Rs.Open strSQL, Conn, adOpenDynamic,,adLockPessimistic      '指定允许修改的锁定类型
'……
Rs.Close
Conn. Close
```

实例 9-18 与实例 9-17 基本相同,只是增加了锁定类型。当打开记录集 Rs 时,将使用 adLockPessimistic 锁定,这意味着这个记录集中的记录可以被修改。

⑤ Options 选项

Options 参数标明用来打开记录集的命令字符串的类型,告诉 ADO 被执行的字符串内容的有关信息,有助于高效地执行该命令字符串。

可以使用下面的常量作为 Options 参数:

- adCMDTable 被执行的字符串包含一个表的名字。
- adCMDText   被执行的字符串包含一个命令文本。

- adCMDStoredProc　被执行的字符串包含一个存储过程名。
- adCMDUnknown　不指定字符串的内容,这是默认值。

实例 9-19　Options 参数用来决定 Open 方法的命令字符串的内容是命令文本。

```
Dim Conn AS New ADODB.Connection
Dim Rs AS New ADODB.Recordset
Dim strDSN AS String
Dim strSQL AS String
StrDSN="DSN=student"
strSQL="SELECT * FROM student"
Conn.Open strDSN
Rs.Open strSQL, Conn, adOpenDynamic, adLockOptimistic,adCMDText
                                            '指定打开的是 SQL 语句
'......
Rs.Close
Conn. Close
```

实例 9-20　Options 参数用来决定 Open 方法的命令字符串的内容是某个数据库表的名字。

```
Dim Conn AS New ADODB.Connection
Dim Rs AS New ADODB.Recordset
Dim strDSN AS String
Dim strSQL AS String
StrDSN="DSN=student"              '如同前面的一样,这里的"student"是数据源的名称
strSQL=" student"
                   '这里的"student"是"student"数据源所连接数据库中的学生信息表的名称
Conn.Open strDSN
Rs.Open strSQL, Conn, adOpenDynamic, adLockOptimistic,adCMDTable
                           '指定打开的 SQL 语句包含表
'......
Rs.Close
Conn. Close
```

实例 9-20 将返回 student 表的所有记录。

4. Recordset 对象编辑数据的方法

上面介绍了如何利用 SQL 语句来查询表。如果要维护数据库表,执行增加、删除和修改等更多的操作,需要多重方法结合在一起使用,包括记录集的前后移动(MoveFirst,MoveLast,MoveNext 和 MovePrevious 方法)、增加记录(AddNew 方法)、删除记录(Delete 方法)、更新记录(Update 方法)、批更新记录(UpdateBatch)等。

以上所述的 Recordset 对象的这些方法,功能分述如下:

- AddNew:向记录集中添加一条新记录。
- Delete:从记录集中删除一条记录。
- Update:更新记录并保存对当前记录所做的修改。

233

- UpdateBatch：（当记录集处于批量更新模式时）更新并保存对一个或多个记录的修改。
- CancelBatch：（向记录集处于批量更新模式时）取消一批更新。
- CancelUpdate：（调用 Update 之前）取消对当前记录所做的所有修改。

（1）AddNew 方法

AddNew 方法可向表中添加一条空白记录，它常和 Update 方法一起使用来向数据集中添加新记录。它的语法为：

```
Recordset.AddNew FieldList, Values
```

其中：

- Recordset 为记录集对象实例。
- FieldList 为一个字段名，或者是一个字段数组。
- Values 为给要加信息的字段赋的值：如果 FiledList 为一个字段名，那么 Values 应为一个单个的数值；如 FiledList 为一个字段数组，那么 Values 必须也为一个数、类型与 FieldList 相同的数组。

在用 AddNew 方法为记录集添加新的记录后，应使用 Update 将所添加的数据存储在数据库中。

实例 9-21 利用 AddNew 方法向一个打开的记录集中添加一条空记录，然后给这个记录的某字段赋值。

```
Dim Conn AS New ADODB.Connection
Dim Rs AS New ADODB.Recordset
Dim strDSN AS String
Dim strSQL AS String
StrDSN="DSN=student"
strSQL="SELECT * FROM student "
Conn.Open strDSN
Rs.Open strSQL, Conn, adOpenDynamic, adLockOptimistic
                                '使用 Rs 的 open 方法创建记录集
Rs.AddNew                       '记录集新增一条记录
Rs("name")="周宁宁"             '在此添加记录中 name(学生名字)字段的数据"周宁宁"
Rs.Update                       '数据库更新存储
Rs.Close
Conn. Close
```

在实例 9-21 中，用 AddNew 方法创建了一条空记录，接着新记录的 name 域被赋值"周宁宁"，最后调用 Update 方法保存新记录。

要使用这些方法，记录集必须以只读方式（即记录锁定类型为 adLockReadOnly）以外的其他锁定方式打开。Update 方法也可以更新被批量改动的记录集，在某种意义上来说，UpdateBatch 方法比 Update 方法效率更高。

也可以使用 SQL 语言的 INSERT 语句向一个表中添加新记录，但是使用 INSERT

语句需要满足数据库表的设计，即在执行前必须保证所需的数据都已具备，不允许空的字段都给予了合适的数据，然后使用 Connection 对象的 Execute 方法执行。

（2）Delete 方法

Delete 方法可以删除表中的记录，其基本语法如下：

```
Recordset.Delete AffectRecords
```

其中，AffectRecords 参数是确定 Delete 方法作用的方式的，它的取值如下：

- adAffectCurrent　　只删除当前的记录
- adAffectGroup　　删除符合 Filter 属性设置条件的那些记录。
- adAffectAll　　删除所有记录。使用立即更新模式将在数据库中进行立即删除，否则记录将标记为从缓存删除，实际的删除将在调用 Update 方法时进行。

值得注意的是，删除记录后当前指针不能指向这条记录，所以必须修改当前指针，通常的方法是调用 MoveNext 方法，使指针下移。比如下面的写法：

```
With Rs
  .Delete
  .MoveNext
  if .EOF then .MoveLast
End With
```

（3）Update 方法和 CancelUpdate 方法

Update 方法是默认的立即更新模式，如果在调用 Update 方法之前移动出正在添加或编辑的记录，那么 ADO 将自动调用 Update 以便保存更改。

实例 9-22　本例利用 Update 语句修改 score 表当前记录的课程分数。

```
Dim Conn AS New ADODB.Connection
Dim Rs AS New ADODB.Recordset
Dim strDSN AS String
Dim strSQL AS String
StrDSN="DSN=student"
strSQL="SELECT * FROM score "
Conn.Open strDSN
Rs.Open strSQL, Conn, adOpenDynamic,adLockPessimistic
                                '使用 RS 的 open 方法创建记录集
Rs("score")=78                  '给当前记录的 score 字段赋值
Rs.Update                       '使对 Recordset 的修改对底层数据源中的表生效

Conn.close
RS.colse
```

对正在编辑的当前记录，如果不调用 Update 更新，在实例 9-22 中如果没有"Rs.update"这条语句，则更新数据不会被保存到数据库。如果希望取消对当前记录所做的所有更改或者放弃新添加的记录，则必须调用 CancelUpdate 方法，调用 CancelUpdate 方法后对记录的更新不保存。

CancelUpdate 使用语法如下：

```
recordset.CancelUpdate
```

使用 CancelUpdate 方法可取消对当前记录所做的任何更改或放弃新添加的记录,而在调用 Update 方法后将无法撤销对当前记录或新记录所做的更改,如果尚未更改当前记录或添加新记录,调用 CancelUpdate 方法将产生错误。

（4）UpdateBatch 方法和 CancelBatch 方法

UpdateBatch 方法是指对数据的批量更新。当记录集 Recordset 的 CursorType 属性值为 adOpenKeyset 或 adOpenStatic, LockType 属性值为 adBatchOptimistic 时,所做的修改必须调用 UpdateBatch 方法才能使更新数据对底层数据源中的表生效。

CancelBatch 方法则对数据的批量更新做撤销操作,语法与 CancelUpdate 使用语法相同。

5．Command 对象

Command 对象用于运行一条指令,通常是 SQL 语句,或者是数据库存储过程。虽然 Connection 对象已经有 Execute 方法可以用于运行 SQL 语句,但是 Command 对象提供了更专门的运行方式和参数传递。

使用 Command 对象查询数据库并返回 Recordset 对象中的记录,以便执行大量数据查询操作或更改数据库的结构。取决于数据库提供者的功能,某些 Command 集合、方法或属性被引用时可能会产生错误,在实际使用中需要随时查询相关手册。

可以使用 Command 对象的集合、方法、属性进行下列操作：

- 使用 CommandText 属性定义命令(例如,SQL 语句)的可执行文本。
- 通过 Parameter 对象和 Parameters 集合定义参数化查询或存储过程参数。
- 可使用 Execute 方法执行命令并在适当的时候返回 Recordset 对象。
- 执行前应使用 CommandType 属性指定命令类型以优化性能。
- 使用 Prepared 属性决定提供者是否在执行前保存准备好(或编译好)的命令版本。
- 使用 CommandTimeout 属性设置提供者等待命令执行的秒数。
- 通过设置 ActiveConnection 属性使用打开的连接与 Command 对象关联。
- 设置 Name 属性将 Command 标识为与 Connection 对象关联的方法。
- 将 Command 对象传送给 Recordset 的 source 属性以便获取数据。

如果不想使用 Command 对象执行查询,可以将查询字符串传送给 Connection 对象的 Execute 方法或 Recordset 对象的 Open 方法。但是,当需要使命令文本具有序列化并重新执行它,或使用查询参数时,则必须使用 Command 对象。

（1）Command 对象的简单用法

从字面上的意思来看,Command 是"命令"的意思,"命令"会让人联想到 SQL 命令,正如设想的那样,Command 对象就是在 ADO 中执行 SQL 查询语句的工具,SQL 语句是它的基础。

命令对象代表一个命令,比如一个 SQL 查询或一个 SQL 存储过程。前几节"ADO

数据对象"、"记录集的使用",分别介绍了如何用连接对象的 Execute 方法和记录集对象的 Open 方法执行命令字符串,也可以使用 Command 对象来实现。

实例 9-23 使用 Command 对象的一个简单实例。

```
Dim Conn AS New ADODB.Connection
Dim Rs AS New ADODB.Recordset
Dim Cmd AS New ADODB.Command
Dim strDSN AS String
Dim strSQL AS String
StrDSN="DSN=student"
strSQL="SELECT * FROM student WHERE stuno="20080110""
Conn.Open strDSN
Rs.Open strSQL, Conn, adOpenStatic, adCMDText
Set Cmd.ActiveConnection=Conn                    '设置 Command 对象的连接
Cmd.CommandText="UPDATE student SET stuno='2008'"
Cmd. CommandType=adCMDText                        '分别设置 Cmd 对象的相关属性
Cmd.Execute                                      '运行 SQL 语句
Rs.Close
Conn. Close
```

实例 9-23 中,创建了命令对象的一个实例,接着 ActiveConnection 属性把命令和一个打开的连接联系在一起(该属性必须使用 Set 语句,因为是在分配一个对象)。CommandText 属性指定要执行的 SQL 语句内容,CommandType 属性指明该命令是一个文本定义,最后,调用 Execute 方法执行这个命令。

实例 9-24 Command 对象可以返回一个记录集。

```
Dim Conn AS New ADODB.Connection
Dim Rs AS New ADODB.Recordset
Dim Cmd AS New ADODB.Command
Dim strDSN AS String
Dim strSQL AS String
StrDSN="DSN=student "
strSQL="SELECT * FROM student WHERE stuno='20080110'"
Conn.Open strDSN
Set Cmd.ActiveConnection=Conn
Cmd.CommandText=strSQL
Cmd. CommandType=adCMDText
SET Rs=Cmd.Execute      '通过 Command 对象的 Execute 方法返回记录集生成 Recordset 对象
Rs.Close
Conn. Close
```

实例 9-25 可以在一个 Recordset 对象实体中使用 Command 对象。

```
Dim Conn AS New ADODB.Connection
Dim Rs AS New ADODB.Recordset
Dim Cmd AS New ADODB.Command
```

```
Dim strDSN AS String
Dim strSQL AS String
StrDSN= "DSN= student"
strSQL= "SELECT * FROM student WHERE stuno='20080110'"
Conn.Open strDSN
Set Cmd.ActiveConnection=Conn
Cmd.CommandText= strSQL
Cmd. CommandType= adCMDText
Rs.Open Cmd, adOpenStatic, adLockOptimistic      'Command对象作为 Recordset 的数据源
Rs.Close
Conn. Close
```

Recordset 对象的 Open 方法可以自动识别出第一个参数的类型是 Command 对象，Open 方法需要的 SQL 数据会自动从 Command 对象的 CommandText 属性读取。

（2）RecordCount 属性

这个属性表示记录集中现存记录的个数。

如果 Recordset 对象的游标类型是仅前向游标，RecordCount 属性将返回−1；对于静态或键集游标，将返回实际计数；而对于动态游标，则返回−1 或实际计数，这取决于数据源。想知道一个记录集是否支持 Recordset 属性，可以调用 Recordset 对象的 Supports 方法，提供 adApproxPosition 或 adBookmark 参数，如：

```
Supports(adApproxPosition)
Supports(adBookmark)
```

如果返回 True，则表示支持 Recordset 属性，调用 Recordset 属性返回的值能正确表达记录集记录的数目，否则不能正确表达。

（3）Close 方法

在应用程序结束之前，应该释放分配给 ADO 对象的资源，操作系统回收这些资源并可以再分配给其他应用程序，Close 方法关闭打开的对象及任何相关对象，前面已运用多次。基本格式如下：

```
object.Close
```

在此需要注意的是：使用 Close 方法可关闭 Recordset 对象以便释放所有关联的系统资源。关闭对象并非将它从内存中删除，可以更改它的属性设置并且在此后再次打开。要将对象从内存中完全删除，可将对象变量设置为 nothing。例如：

```
Set Conn=nothing
Set Rs=nothing
```

总之，使用 ADO 控件的 Recordset 属性，就可以用代码对其记录进行灵活的操作了。

实例 9-26　用代码打开数据源，建立记录集，将记录集中的记录内容打印出来。运行界面如图 9-58 所示。

```
'以下代码可书写在窗体 click事件中
```

图 9-58　利用数据对象 Rs 的 Fields 属性输出字段内容

```
Dim Conn As ADODB.Connection                    'Conn 为连接
Dim Rs As ADODB.Recordset                       'Rs 为记录集
Dim sqlstr As String
Set Conn=new adodb.connection                   '定义数据对象
Conn.Open "dsn=student;uid=sa;pswd= "           '打开数据源
sql= "select * from student"                    '定义命令文本
Set Rs=conn.Execute(sql)                        '建立记录集
Do While Not Rs.EOF
  For i=0 To Rs.Fields.Count -1
    Print Rs.Fields(i),                         '输出 student 表中各字段
  Next i
  Rs.MoveNext                                   '记录往下移动
  Print                                         '输出一条记录后换行
Loop                            '因为是一个记录集合,所以用双层循环完成其表结构的输出
```

　　实例 9-30 虽然较简单,但对理解应用 ADO 数据对象有很好的帮助作用,基本涵盖了对象的定义、引用和显示的几个重要过程。在 VB 6.0 中用 ADO 技术进行数据库应用程序开发时,直接创建并使用 ADO 数据对象,能够增加应用程序与用户的交互性,提高程序的灵活性。

9.4　独立实践——用户登录与注册

　　结合前几项目及本项目的内容,建立一个实现登录数据库的操作界面,实现对存放用户名和密码的数据库的读写,运行基本界面如图 9-59 所示。

　　假设用户名及密码都存放在数据库的一个表中,当用户输入【用户名】和【密码】项后,单击【确定】按钮后,系统判断密码表中的用户是否存在及密码是否匹配,若不存在所输入的用户名,则给出相应提示并提示用户输入的次数(比如,不超过3 次);单击【取消】按钮,则清空文本框内容,重新输入;单击【新用户注册】按钮,则将用户输入的内容保存至对应的密码表中。

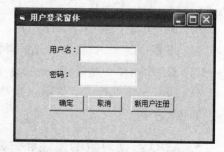

图 9-59　独立操作的运行界面

9.5 小 结

1. 数据记录的基本查询及编辑命令

SQL(Structured Query Language,结构化查询语言)是关系数据库管理系统的标准语言,用来进行数据查询,能对数据进行插入、删除或更新及对数据进行相关统计等。应该注意掌握 Select、Insert 和 Delete 几个常用命令的用法。

2. 数据绑定控件有两种基本类型

(1) 内部控件,即在工具箱中且具有绑定特性的控件,一共有 7 个,分别是: CheckBox、Label、TextBox、ComboBox、ListBox、PictureBox 和 ImageBox。对于这些控件一般只设置 DataSource、DataField 属性即可。

(2) 外部控件默认状态下并不在工具箱中,必须通过【工程】/【部件】命令来添加。常用的 3 个支持 ADO 数据绑定的控件是 DataCombo、DataList 和 DataGrid。

3. 数据源的建立

VB 6.0 环境下对数据源的定义有两种常用的方法:

(1) 当在 VB 6.0 环境中创建了 ADO 对象后,选择控件属性中的【新建】命令。

(2) 利用控制面板中的数据源,即选择控制面板中【性能和维护】/【管理工具】/【数据源】命令。

无论何种方式,都主要是选择驱动程序类型,连接的数据库名称及可能用到的用户名和密码。

4. ADO 控件连接数据库的方式

通过 ADO Data 控件非编程来连接数据库的主要步骤如下:

(1) 在工具箱中添加 ADO Data 控件,选择【工程】/【部件】命令,然后添加"Microsoft ADO Data Control"部件。

(2) 在窗体上放置一个 ADO Data 控件,名称默认为 Adodc1。

(3) 设置 Adodc1 数据库的数据源名称,也可通过控制面板预先设定。

(4) 设置 Adodc1 记录源,选择命令类型,并在表名项中相应选择。

(5) 设置窗体上对应数据绑定控件的 DataSource、DataField 等属性,分别绑定的数据源和数据字段等。

5. ADO 数据对象的属性和方法

要定义 ADO 数据对象,应该首先添加对 ADODB 动态连接库的引用,一般选择【工程】/【引用】命令,然后添加对"Microsoft ActiveX Data Objects 2.5 Library"的引用。

一定要明确利用 ADO 数据对象以代码方式实现数据访问是一种非常重要的数据访问手段,增强了程序的交互性。主要用到的对象为 Connection、Command、Recordset 和 Fields。

(1) Connection 对象主要表示与数据源的连接所需要的驱动、服务器地址、访问权限及方式等。

(2) Command 对象包含 SQL 语句,定义了将对数据源执行的命令。这些指令通过已建立的连接来操作数据源,包括添加、删除、更新或检索数据。

(3) Recordset 对象表示的是来自基本表或命令执行结果的记录集,通过它可以实现数据表与 VB 6.0 界面中相关控件的交互操作。

(4) Fields 对象表示具有某数据类型的数据列。

9.6　习　　题

1. 填空题

(1) 数据库是由若干个_____构成,表是由若干个_____构成,记录由若干个_____构成。

(2) 关系是指_____,在关系数据库里以_____的形式表示。

(3) 当使用数据绑定控件显示记录集中的数据时,必须设置_____和_____属性。

(4) 常用的 3 个支持 ADO 数据绑定的控件:_____、_____、_____。

(5) 用 SQL 语言实现查询 student 表学生信息中"学号"在 2003010103 后面的所有记录,则 SQL 语句为_____。

(6) 利用数据控件的记录集对象可以实现对数据库记录内容的存取访问等操作。若要判断记录指针是否指向了记录集的末尾,可以通过访问其_____属性来实现,若返回值为 True,则说明指针_____。

(7) 通常可以使用 Recordset 对象的_____、_____、_____和_____方法来遍历记录集。

(8) Connection 对象的_____方法可以打开一个数据库连接,而_____方法则关闭处于打开状态的连接。

(9) Recordset 对象的_____方法用于向记录集中添加一条新记录,_____方法用于从记录集中删除一条记录,_____方法用于更新记录并保存对当前记录所做的修改。

(10) Command 对象用于_____,通常是_____或者是_____。

2. 选择题

(1) 数据控件用于设置指定数据控件所访问的记录来源的属性是(　　)。

　　A. Recordset　　　B. DataSource　　　C. DatabaseName　　　D. RecordsetType

（2）下面不属于 Move 方法的选项是（　　）。

  A. MoveFirst B. MoveFinal C. MoveNext D. MovePrevious

（3）数据控件的 BOF 的值为 True 时，记录指针指向（　　）。

  A. 第一条记录   B. 第一条记录前

  C. 最后一条记录   D. 最后一条记录之后

（4）ADO 控件的 ConnectionString 属性与数据源建立链接的相关信息，在"属性页"对话框中可以有（　　）种不同的链接方式。

  A. 1   B. 2   C. 3   D. 4

（5）下列（　　）组关键字是 Select 语句中不可缺少的。

  A. Select From   B. Select Group by

  C. Select Order by   D. Select Where

（6）下列所显示的字符串中，字符串（　　）不包含在 ADO 控件的 ConnectionString 属性内。

  A. Microsoft Jet 3.51 OLE DB Provider

  B. DataSource=C：\Student.mdb

  C. Persist Security Info=False

  D. 2-adCmdTable

（7）在 Select 的 Update 语句中，要修改某列的值，必须使用关键字（　　）。

  A. Select   B. Where   C. Distinct   D. Set

（8）在 VB 6.0 中建立的 Microsoft Access 数据库文件的扩展名是（　　）。

  A. .db   B. .access   C. .dbf   D. .mdb

（9）下列选项不能移动记录指针的是（　　）方法。

  A. Edit   B. Move   C. Seek   D. MoveFirst

（10）（　　）不能作为 VB 6.0 与数据库连接的接口。

  A. 数据控件   B. 数据访问对象

  C. ADO 控件   D. 通用对话框控件

3. 操作题

（1）建立职工信息数据库，建立一个职工个人信息表，结构如表 9-10 所示。

表 9-10　职工个人信息表结构

字　段　名	类　型	大　小	备　注
工号	Text	6	必要
姓名	Text	16	必要
性别	Text	2	
部门	Text	20	
年龄	Integer		
职称	Text	10	

（2）在表中添加 5 条记录，具体内容如表 9-11 所示。

表 9-11　职工信息表数据

工　号	姓　名	性　别	部　门	年　龄	职　称
00001	肖政军	男	销售部	37	中级
00002	王兰	女	销售部	54	高级
00003	陈露	女	财务部	26	初级
00004	张建军	男	生产部	46	中级
00005	赵盛	男	生产部	30	中级

（3）使用 Data 控件显示和操作职工信息数据库中的职工个人信息表，运行界面如图 9-60 所示。

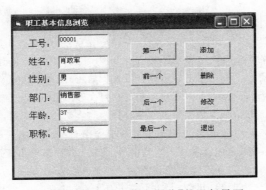

图 9-60　【职工基本信息浏览】的运行界面

4. 简答题

（1）什么是数据源，建立数据源的基本方法有哪几种？

（2）什么是数据绑定？

（3）. VB 6.0 数据绑定控件有几种类型？

（4）DataGrid 控件的基本编辑方式中如何设置标题及列宽？

（5）简述记录集 Connection 属性、Recordset 属性中各个参数的含义。

参 考 文 献

[1] 龚沛曾,陆慰民,杨志强. Visual Basic 6.0 程序设计简明教程(第二版).北京:高等教育出版社,2003.

[2] 李春葆,张植民. Visual Basic 6.0 数据库系统设计与开发.北京:清华大学出版社,2004.

[3] 高春艳,李俊民. Visual Basic 6.0 数据库系统开发案例精选.北京:人民邮电出版社,2005.

[4] 沈美莉,陈孟建,邵玉金. Visual Basic 6.0 程序设计教程.北京:电子工业出版社,2004.

[5] 王道荣,林信成. Visual Basic 6.0 数据库处理.北京:机械工业出版,2004.

[6] Diane Zak. Programming with Visual Basic. Publising House of Electronics Industry,2003.

[7] 刘瑞新等. Visual Basic 6.0 管理信息系统开发毕业设计指导及实例.北京:机械工业出版社,2005.

[8] 李言照,余华. Visual Basic 6.0 程序设计教程.北京:中国农业出版社,2007.

[9] 郭瑞军,王松. Visual Basic 6.0 数据库开发实例精粹.北京:电子工业出版社,2006.

[10] 赛奎春,高春艳等. Visual Basic 6.0 精彩编程 200 例.北京:机械工业出版社. 2003.

[11] 刘志铭,高春艳等. Visual Basic 6.0 数据库开发实例解析.北京:机械工业出版社.2003.

[12] 高春艳,李俊民等. Visual Basic 6.0 工程应用与项目实践.北京:机械工业出版社.2005.

[13] 高春艳,李艳. Visual Basic 6.0 数据库开发关键技术与实例应用.北京:人民邮电出版社,2005.

[14] 李敏业等. Visual Basic+Access 数据库应用实例完全解析.北京:人民邮电出版社,2006.

[15] 姚巍. Visual Basic 6.0 数据库开发从入门到精通.北京:人民邮电出版社,2006.

[16] 罗朝盛. Visual Basic 6.0 程序设计教程.北京:人民邮电出版社,2005.

[17] 郑阿奇. Visual Basic 6.0 教程.北京:清华大学出版社,2005.

[18] 曹德胜等. Visual Basic 6.0 实践指导教程.北京:北京航空航天大学出版社,2008.

[19] 刘文涛. Visual Basic+Access 数据库开发与实例.北京:北京航空航天大学出版社,2006.